职业教育创新融合系列教材

电路分析与应用

刘艳萍 林 浩 黄丽英 主 编
侯聪玲 杨燕明 王 刚 副主编

DIANLU
FENXI
YU
YINGYONG

化学工业出版社

·北京·

内 容 简 介

本书主要讲述了安全用电与防雷、电路基本概念和基本定律、电路的基本分析方法、电路的过渡过程、正弦交流电路、三相交流电路、磁路与变压器等内容。书中通过多元化教学模块的有机融合，可以系统地提升学生的专业素养与综合能力。为方便教学，本书配备了内容丰富、形式多样的教学资源，包括电子课件、习题参考答案、课程微课视频和习题微课视频等。

本书可作为高等职业院校电子类、电气类等相关专业教材，也可以作为企业岗位培训用书。

图书在版编目（CIP）数据

电路分析与应用 / 刘艳萍，林浩，黄丽英主编.
北京 ：化学工业出版社，2025. 8. --（职业教育创新融
合系列教材）. -- ISBN 978-7-122-48227-3

Ⅰ. TM133

中国国家版本馆 CIP 数据核字第 2025UM0630 号

责任编辑：韩庆利　　　　　　　　　文字编辑：吴开亮
责任校对：边　涛　　　　　　　　　装帧设计：史利平

出版发行：化学工业出版社
　　　　　（北京市东城区青年湖南街 13 号　邮政编码 100011）
印　　装：天津千鹤文化传播有限公司
787mm×1092mm　1/16　印张 9½　字数 215 千字
2025 年 9 月北京第 1 版第 1 次印刷

购书咨询：010-64518888　　　　　售后服务：010-64518899
网　　址：http://www.cip.com.cn
凡购买本书，如有缺损质量问题，本社销售中心负责调换。

定　　价：36.00 元　　　　　　　　版权所有　违者必究

本书以电子类专业电工知识"必需、够用"为原则，在总结作者多年教学经验基础上，以突出实用性为核心指导思想，通过强化技能训练模块、丰富电路分析习题资源，同时精简内容结构，实现了内容安排的合理性与科学性。书中特别嵌入了课程视频资源和习题讲解视频，既满足"精讲多练"的教学要求，又通过取舍得当的内容设计，有效提升学生电路分析水平，是一本符合当前教学改革方向、实用价值突出的专业教材。

本书精心划分为七个独具特色的学习情境，每个情境均由一系列模块构成，通过多元化的教学模块的有机融合，系统提升学生的专业素养与综合能力。具体而言，每一学习情境均深度整合教学内容、明确教学目标、夯实理论知识基础、强化技能实战训练，并设置理论深化巩固板块（即"理论夯实场"），形成完整的知识闭环。部分学习情境增设了拓展资源，为学生提供了延展性学习空间，同时配套了科学严谨的考核机制与评价体系，多维度、全方位地检验学生对知识点的掌握程度与应用能力，真正实现"学以致用、知行合一"的教育目标。

学习情境一：以"安全用电与防雷"为主题，通过生动的案例分析、互动式的安全教育以及模拟演练，不仅传授了安全用电的基本原则与防雷技术，更在潜移默化中强化了学生的安全意识与自我保护能力，体现了课程思政中"生命至上"的教育理念。

学习情境二：深入浅出地讲解了电流、电压、功率、欧姆定律、基尔霍夫定律等电路的基本概念与定律，通过直观的实验演示与理论推导，帮助学生构建起坚实的电路理论基础。同时，在讲解过程中融入科学精神与探索未知的勇气的培养，激励学生勇于创新，敢于质疑。

学习情境三：系统介绍了网孔电流法、节点电压法、叠加定理、戴维南定理等电路分析的基本方法，通过复杂电路的解析与实例应用，培养学生的逻辑思维与问题解决能力，同时，强调团队合作与沟通的重要性，体现了课程思政中"协同创新"的价值导向。

学习情境四：围绕电容、电感及其在 RC 与 RL 一阶电路中的暂态分析展开，通过实验探究与理论分析相结合的方式，让学生深刻理解电路的动态特性与变化规律，同时引导学生思考技术进步对社会发展的影响，培养其社会责任感与历史使命感。

学习情境五：全面阐述了正弦交流电及电阻、电感、电容元件在正弦交流电路中的特性，以及正弦量的相量表示法，深入分析了 RLC 串并联正弦交流电路，并巧妙融入了日光灯电路的实际应用案例，实现了理论与实践的完美融合。在此过程中，强调绿色能源与可持续发展的理念，引导学生关注环境保护，培养其成为具有绿色视野的新时代人才。

学习情境六：聚焦三相交流电源与负载的连接方式及其工程实践，通过理论解析与实验操作相结合，系统讲解三相交流电路的对称性、功率特性及安全规范，结合工业配电案例与团队协作任务，培养学生对复杂电力系统的分析能力与工程伦理意识，并融入"高效协同、绿色发展"的理念。

学习情境七：聚焦磁路与变压器核心知识。磁路部分涵盖基本物理量（如磁通、磁感应强度等）、磁路欧姆定律，明确磁动势、磁阻与磁通关系；介绍铁磁材料特性及铁芯损耗（磁滞与涡流损耗），阐述主磁通在能量传递中的关键作用。变压器部分讲解其基本结构（铁芯与绕组）及基于电磁感应的工作原理，涉及电压、电流与阻抗变换。同时，介绍常见变压器类型，包括用于电能传输的电力变压器、高效降压的自耦变压器，以及用于测量与保护的电压互感器和电流互感器，为深入理解电磁装置奠定基础。

为方便学生学习，本书特别配备了内容丰富、形式多样的教学资源，包括完整的课件、详尽的习题参考答案、课程微课视频和习题微课资源，旨在为学生提供一个全方位、立体化的学习环境。

本书由刘艳萍、林浩、黄丽英担任主编，侯聪玲、杨燕明、王刚担任副主编。在编写过程中，刘艳萍承担了全书的统稿工作。具体编写分工如下：学习情境一和学习情境四由刘艳萍、黄丽英、王刚合作编写；学习情境二和学习情境三由刘艳萍、侯聪玲、黄丽英合作编写；学习情境五和学习情境六由林浩、刘艳萍、杨燕明合作编写；学习情境七由刘艳萍、黄丽英合作编写；拓展资源和技能训练部分由上海梭鱼智能科技有限公司的徐立成与刘艳萍共同编写，为本书增添了丰富的实践内涵。

鉴于编者教学经验与学术水平所限，书中内容可能存在疏漏或不当之处，恳请广大师生及读者不吝赐教，提出宝贵意见。

编　者

目录

安全用电与防雷

教学内容（思维导图）

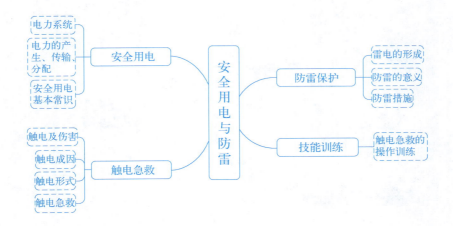

教学目标

知识目标

1. 掌握电力系统的基本组成及电能传输原理。
2. 理解安全用电的基本常识。
3. 明确触电的成因及电流对人体的危害分级，掌握触电急救的理论步骤。
4. 了解雷电的形成机理及雷击形式，掌握防雷装置的工作原理及安装规范。

能力目标

1. 能辨识并排除常见用电安全隐患（如线路老化、漏电保护失效）。
2. 能规范实施触电急救操作（断电、心肺复苏）。

素质目标

1. 培养"安全第一"的职业态度，严格遵守操作规范。
2. 树立生命至上的价值观，提升紧急情况下的心理素质与应变能力。
3. 培养团队协作精神，明确急救中的分工与协作流程。
4. 增强防灾减灾意识，理解防雷对公共安全的重要性。

模块1 安全用电

知识1 电力系统基本知识

1. 电力系统概述

把由发电、输电、变电、配电、用电设备及相应的辅助系统组成的电能生产、输送、分配、使用的统一整体称为电力系统。图1.1为电力传输系统示意图。

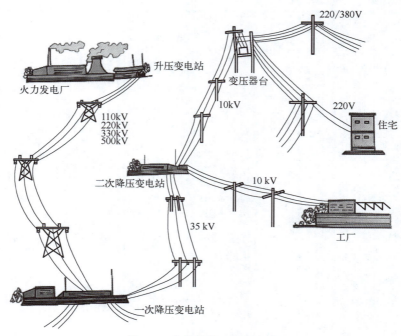

图1.1 电力传输系统示意图

由输电设备、变电设备和配电设备组成的网络称为电网。

电力系统的电压是有等级的，额定电压等级是根据国民经济发展的需要、技术经济的合理性以及电气设备的制造水平等因素，经全面分析论证，由国家统一制定和颁布的。我国电力系统的电压等级有220/380V、3kV、6kV、10kV、20kV、35kV、66kV、110kV、220kV、330kV、500kV。随着标准化要求的提高，3kV、6kV、20kV、66kV已很少使用。供电系统以10kV、35kV为主；输电系统以110kV以上为主；发电机过去有6kV与10kV两种，现在以10kV为主；低压用户均是220/380V。

2. 电力的产生

电能主要由发电机产生，目前世界上的发电方式主要有火力发电（火电）、水力发电（水电）和核电。其他的电能来源还有风能、地热能、太阳能、潮汐能等。

（1）火电

利用煤、石油和天然气等化石燃料所含能量发电的方式统称为火力发电。

火力发电的优势：早期建设成本低，发电量稳定，一年四季均匀生产，所以其在世界上大部分国家的电力生产中占主要地位。

火力发电的缺点：所用的煤、石油、天然气等是不可再生资源，虽然储量大，但终会枯竭，且污染严重。我国火电是以煤电为主，石油、天然气等火电是限制性地计划发展。

（2）水电

水电是利用循环的水资源进行的，主要是利用河流的阶梯交接和落差大产生强大的水能动力用于发电，属于生态环保发电。

水电最大的优势：环保、发电成本低、调峰能力强（可以根据负荷随时调整发电量）。

水电的缺点：前期建设成本高、时间长、年发电量不均匀，所以一般水电发电量只能占总发电量的 30% 左右及以下。

（3）核电

核电站只需消耗很少的核燃料就可以产生大量的电能，每千瓦·时（度）电能的成本比火电站要低 20% 以上。核电站大大减少了燃料的运输量。例如，一座 100 万千瓦的火电站每年耗煤三四百万吨，而相同功率的核电站每年仅需铀燃料三四十吨，运输量相差 1 万倍。

核电的另一个优势：干净、无污染，几乎是零排放。用核电取代火电，是世界发展的大趋势。

核电的缺点：早期建设成本高，技术要求高；平时故障少，但一旦发生大故障（如核泄漏），将是毁灭性的大灾难。

此外，还有利用太阳能、风能、潮汐能等能源的发电形式。

3. 电力的传输

图 1.1 所示为电力传输系统，那么为什么要升压输电呢？因为当电流增大时，传输距离越长，热能消耗就越大，电能便损失越大。所以，在传输容量一定的条件下，如果提高输电电压，减小输电电流，那么就可以减少电能在线路上的消耗。

我国常用的传输系统电压等级有 35kV、110kV、220kV、330kV、500kV 等多种。

4. 电力的分配

配电的作用是将电能分配给各类用户。常用的配电系统电压有 10kV 或 6kV 的高压和 380/220V 的低压。低压配电线路是指经配电变压器，将高压 10kV 降低到 380/220V 的线路。

知识 2 安全用电的基本常识

1. 安全电压

不带任何防护设备时，对人体各部分组织均不造成伤害的电压值，称为安全电压。世界各国对于安全电压规定的限定值 50V、40V、36V、25V、24V 等，其中以 50V、25V 居多。国际电工委员会（IEC）规定的安全电压限定值为 50V。我国规定 12V、24V、36V 三个电压等级为相应的安全电压级别。

在湿度大、狭窄、行动不便、周围有大面积接地导体的场所中使用手提照明器具，如金属容器内、矿井内、隧道内等，应采用 12V 安全电压。

凡手提照明器具，在危险环境、特别危险环境中的局部照明灯、高度不足 2.5m 的一般照明灯，携带式电动工具等，若无特殊的安全防护装置或安全措施，应采用 24V 或 36V 安全电压。

2. 安全用电基本常识

电能是一种使用方便的能源，但如果在生产和生活中不注意安全用电，它也会带来灾害。例如，触电可造成人身伤亡，设备漏电产生的电火花可能酿成火灾、爆炸，高频用电设备可产生电磁污染等。

安全用电基本常识包括如下几个方面：

① 不掌握电气知识和技术的人员不可安装和拆卸电气设备及电路。

② 禁止用一线（相线）一地（接地）安装电器。

③ 由开关控制的必须是相（火）线。

④ 绝不允许私自乱接电线。

⑤ 在一个插座上不可接过多或功率过大的电器。

⑥ 不准用铁丝或铜丝代替正规熔体。

⑦ 不可用金属丝绑扎电源线。

⑧ 不允许在电线上晾晒衣物。

⑨ 不可用湿手接触带电的电器，如开关、灯座等，更不可用湿布擦拭电器。

⑩ 设备天线不可触及电线。

⑪ 电气设备上不可放置衣物，不可在电动机上坐立，雨具不可挂在电动机或开关等的上方。

⑫ 任何电气设备或电路的接线桩（头）均不可外露。

⑬ 堆放和搬运各种物资、安装其他设备时，要与带电设备和电源线保持一定的安全距离。

⑭ 在搬运电钻、电焊机和电炉等可移动的电器之前，应首先切断电源，不允许拖拉电源线来搬运电器。

⑮ 发现任何电气设备或电路的绝缘有破损时，应及时对其进行绝缘修复。

⑯ 在潮湿环境中使用可移动电器时，必须采用额定电压为 36V 的低压电器，若采用额定电压为 220V 的电器，其电源必须采用隔离变压器；在金属容器如锅炉、管道内使用移动电器时，一定要用额定电压为 12V 的低压电器，并要加接临时开关，还要有专人在容器外监护；低压移动电器应装特殊型号的插头，以防插入电压较高的插座。

⑰ 雷雨时，不要接触或走近高压电杆、铁塔和避雷针的接地导线的周围，不要站在高大的树木下，以防雷电入地时发生跨步电压触电；雷雨天禁止在室外变电所或室内的架空引入线上进行作业。

⑱ 切勿走近断落在地面上的高压电线，万一高压电线断落在身边或已进入跨步电压区域时，要立即用单脚或双脚并拢跳到 10m 以外的地方。为了防止跨步电压触电，千万不可奔跑。

模块 2　触电急救

知识 1　触电及成因

1. 触电及触电伤害

安全用电包括人身安全和设备安全两个方面，人身安全是指人在生产与生活中防止触电及其他电气危害。

日常生活中的触电事故多种多样，大多由于人体直接接触带电体，或者设备发生故障，或者人体过于靠近带电体等。当人体触及带电体，或者带电体与人体之间闪击放电，或者电弧触及人体时，电流通过人体进入大地或者其他导体，形成导电回路，这种情况就叫触电。

触电时人体会受到某种程度的伤害，按触电伤害形式的不同可分为以下两种伤害。

（1）电击

电击是指电流流经人体内部，引起疼痛发麻、肌肉抽搐，严重的会引起强烈痉挛、心脏颤动，甚至因对人体心脏、呼吸系统以及神经系统的致命伤害而造成死亡。绝大部分触电死亡事故都是电击造成的。

（2）电伤

电伤是指触电时人体与带电体接触不良部分发生的电弧灼伤，或者是人体与带电体接触部分的电烙印，或由于被电流熔化和蒸发的金属微粒等侵入人体皮肤引起的皮肤金属化。电伤会给人体留下伤痕，电伤严重时同样致命。电伤通常是由电流的热效应、化学效应或机械效应造成的。

电击和电伤有时可能同时发生，这在高压触电事故中比较常见。

2. 触电伤害程度与各种成因的关系

（1）伤害程度与通电时间及电流大小的关系

触电时间越长，人体电阻因多方面原因会降低，导致通过人体的电流增加，触电的危险性也随之增加。人体遭受电击后，引起心室纤颤概率大于 5% 的极限电流，称为心室纤颤阈值，也称心室纤颤电流。当电击时间小于 5s，可用式（1-1）来计算：

$$I = \frac{165}{\sqrt{t}} \tag{1-1}$$

式中，I 是心室纤颤电流，mA；t 是体通电时间，s。

当电击时间大于 5s，则以 30mA 作为引起心室纤颤的另一极限电流值。

通过人体的电流越大，人体的反应就越明显，感觉就越强烈，对人的致命危害就越大。对于工频电流，按照人体对所通过大小不同的电流所呈现的反应，通常可将电流划分为以下三种：

① 感知电流：指能引起人感觉的最小电流。实践证明，一般成年男性的平均感知电流约为 1.1mA；成年女性约为 0.7mA。

② 摆脱电流：指人体触电后能自主摆脱的最大电流。实践证明，一般成年男性的平均摆脱电流约为 16mA；成年女性约为 10mA。

③ 致命电流：指在较短时间内危及生命的最小电流。实践证明，一般当通过人体的电流达到 30～50mA 时，中枢神经就会受到伤害，使人麻痹、呼吸困难；如果通过人体的电流超过 100mA 时，在极短的时间内人就会失去知觉而导致死亡。

（2）伤害程度与电流途径之间的关系

电流通过头部可使人昏迷，通过脊髓可导致瘫痪，通过心脏会造成心跳停止及血液循环中断，通过呼吸系统会造成窒息。因此，从左手到胸部是最危险的电流途径，从手到手，从手到脚也是很危险的电流途径，从脚到脚是危险性较低的电流途径。

（3）伤害程度与电流种类的关系

一般认为 40～60Hz 的交流电对人最危险。随着频率的增加，危险性略有降低。高频电流不伤害人体，有时还能起到治病的作用。

（4）伤害程度与人体电阻的关系

在一定的电压下，通过人体电流的大小与人体电阻有关。人体电阻主要是皮肤电阻，表皮 0.05～0.2mm 厚的角质层的电阻很大，皮肤干燥时，人体电阻约为 6～10kΩ，甚至高达 100 kΩ；但角质层容易被破坏，去掉角质层的皮肤的电阻约为 800～1200Ω，内部组织的电阻约为 500～800Ω。人体电阻因人而异，与人的体质、皮肤的潮湿程度、触电电压的高低、年龄、性别以及职业都有关系。

3. 触电形式

触电可发生在有电线、电气元件、用电设备的任何场所。触电后会引起人体全部或局部的损伤，损伤轻的可造成人的痛苦，损伤重的可迅速致人死亡。按照人体触及带电体的方式和电流流过人体的途径，触电可分为单相触电、两相触电和跨步电压触电。

（1）单相触电

当人体在地面或其他接地导体上，人体的某一部分触及三相导线的任何一相引起的触电事故称为单相触电。单相触电对人体的危害与电压的高低及电网中性点接地方式等有关。

单相触电又可分为中性点接地和中性点不接地两种情况。图 1.2（a）为中性点接地系统的单相触电；图 1.2（b）为中性点不接地系统的单相触电。

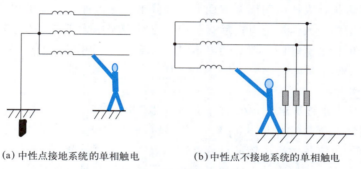

（a）中性点接地系统的单相触电　　（b）中性点不接地系统的单相触电

图 1.2　单相触电形式

（2）两相触电

两相触电也叫相间触电，是指在人体与大地绝缘的情况下，人体同时接触到两条不同的相线，或者人体同时触及到电气设备的两个不同相的带电部位时，电流由一条相线流经人体到另一条相线形成闭合回路，如图 1.3 所示。

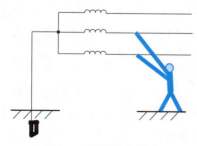

图 1.3　两相触电形式

两相触电比单相触电更危险，因为此时加在人体上的电压是线电压！

（3）跨步电压触电

输电线路火线断线落地时，落地点的电位即是导线电位，电流从落地点流入大地，离落地点越远，电位越低。根据实际测量，在离导线落地点 20m 以外的地方，由于入地电流非常小，地面的电位近似于零。如果有人走近导线落地点，由于人的两脚之间电位不同，则在两脚之间出现电位差，这个电位差叫跨步电压。距离落地点越近，人体承受的跨步电压越大；距离落地点越远，人体承受的跨步电压越小；在 20m 以外，跨步电压很小，可以看作零。跨步电压触电形式如图 1.4 所示。

当发现跨步电压威胁时，应赶快把双脚并在一起，或赶快用一条腿跳着离开危险区，否则，触电时间一长，可能会导致死亡。

图 1.4　跨步电压触电形式

知识 2　触电急救

日常生活中，时常会有突发的意外事故，如电击、溺水等。遇到这些情况时，周围人员不能紧张慌乱，应该首先通过电话通知急救部门。在急救部门到达现场之前，周围人员应及时对意外者采取有效的急救措施。如果意外者出现抽搐、颈动脉摸不到搏动、心跳停止、瞳孔散大、呼吸停止、面色苍白等症状时，可判断为心脏骤停。心脏骤停是临床最紧急的情况，必须分秒必争、不失时机地进行抢救。

特别需要强调的是：发现有人触电时，不要惊慌，首先要考虑的是设法使触电者尽快脱离电源。对低压触电，使触电者脱离电源的方法可用"拉""切""挑""拽""垫"五个字来概括。

"拉"指就近拉开电源开关、拔出电源插头或切断保险等。

"切"指用带有可靠绝缘柄的电工钳、锹、刀、斧等利器将电源切断。

"挑"指如果导线搭在触电者身上或压在其身下，可用干燥的木棒、竹竿将导线挑开。

"拽"指救护人员戴上绝缘手套或在手上包缠干燥的衣物等绝缘物品后拖拽触电者脱离电源。特别要注意的是：拖拽时切勿触及触电者的体肤。救护人员亦可站在干燥的木板、橡胶垫等绝缘物品上，用一只手将触电者脱离电源。

"垫"指如果触电者由于痉挛手指紧握导线，或导线缠绕在身上，而前面所述办法都不易实施时，救护人员可先用干燥的木板塞入触电者身下，使其与地绝缘从而隔离电源。

触电者脱离电源后，首先要判断其有无意识。救护人员轻拍或轻摇触电者的肩膀（注意不要用力过猛或摇头部，以免加重可能存在的外伤），并在耳旁大声呼叫。如无反应，立即用手指掐压人中穴。当呼之不应，刺激也毫无反应时，可判定其意识已丧失。该判定过程应在 5s 内完成。当判定触电者意识已丧失后，应立即施救。将触电者仰卧在坚实的平面上，头部放平，颈部不能高于胸部，双臂平放在躯干两侧，解开上衣，松开裤带，取出假牙，清除口腔中的异物。若触电者面部朝下，应将头、肩、躯干作为一个整体同时翻转，不能扭曲，以免加重颈部可能存在的伤情。翻转方法是：救护者跪在触电者肩旁，先把触电者的两只手举过头，拉直两腿，把一条腿放在另一条腿上。然后一只手托住触电者的颈部，一只手扶住触电者的肩部，全身同时翻转。

在保持气道开放的情况下，判定有无呼吸的方法有：用眼睛观察触电者的胸腹部有无起伏；用耳朵贴近触电者的口、鼻，听有无呼吸的声音；用脸或手贴近触电者的口、鼻，感受有无气体排出；将一张薄纸片放在触电者的口、鼻上，观察纸片是否动。若胸腹部无起伏、无呼吸声，无气体排出，纸片不动，则可判定触电者已停止呼吸。该判定在 3～5s 内完成。

在心脏骤停的极短时间内，首先进行心前区叩击，连击 2～3 次，然后进行胸外心脏按压及口对口（鼻）人工呼吸。具体方法：双手交叉相叠用掌根部有节律地按压心脏，这种做法的目的在于使血液流入主动脉和肺动脉，建立起有效循环；做口对口（鼻）人工呼吸时，有活动假牙者应先将其假牙摘下，并清除口腔内的分泌物，以保持呼吸通道的通畅，然后捏紧鼻孔吹气，使胸部隆起、肺部扩张；胸外心脏按压必须与口对口（鼻）人工呼吸配合进行，每按压心脏 4～5 次吹气一次，肺部充气时不可按压胸部。

实验研究和统计表明，如果从触电后 1min 开始抢救，则 90％的触电者可以救活；如果从触电后 6min 开始抢救，则触电者仅有 10％的救活概率；而触电后 12min 开始抢救，则触电者救活的可能性极小。因此，当发现有人触电时，应争分夺秒，采用一切可能的方法抢救。

以上的抢救方法虽然只是在遇到突发情况时才用到，但它是家庭急救的必备方法，我们应该认真学习并掌握。

模块 3 防 雷 保 护

知识 1 雷电的形成及雷击的形式

1. 雷电的形成

雷电是一种常见的大气放电现象。在夏天，地面的热空气携带大量的水气不断地上升到高空，形成大范围的积雨云，积雨云的不同部位聚集着大量的正电荷或负电荷，形成雷雨云，而地面因受到近地面雷雨云的电荷感应，会带上与其相反的电荷。当云层里的电荷越积越多，达到一定的电场强度时，就会把空气击穿，打开一条狭窄的通道强行放电。当云层放电时，由于云中的电流很大，通道中的空气瞬间被烧得灼热，温度高达 6000～20000℃，所以发出耀眼的强光，这就是闪电，而通道中的高温会使空气急剧膨胀，同时也会使水滴汽化膨胀，从而产生冲击波，这种强烈的冲击波活动形成了雷声。

所谓的雷击，实际上就是一部分带电的云层与另一部分带异种电荷的云层之间，或者是带电的云层对大地之间迅猛地放电。云层之间的放电主要对飞行器有危害，对地面上的建筑物、人、畜一般情况下没有太大影响。但是，云层对大地迅猛地放电对地面建筑物、电子电气设备、人和畜所造成的危害很大，因此需要加以研究和应对。

2. 雷击的形式

根据雷击破坏形式的不同，雷击通常可分为两种形式。

（1）直击雷

落地雷是直击雷。当带电云层与地面突起物之间带电的性质不同时，就会形成很强的电场把大气击穿，从而击中放电通路中的建筑物、输电线、人、畜等。

由于这种云层与大地之间的迅猛放电直接击在建筑物、输电线、人、畜等上，其电效应、热效应和机械效应直接传递，因此称为直击雷。

（2）感应雷

感应雷是间接雷，是感应电荷放电造成的。当直击雷发生以后，云层带电迅速消失，而地面某些范围由于散流电阻大出现局部高电压，或者由于直击雷放电过程中强大的脉冲电流对周围的导线或金属物产生电磁感应而引发高电压，以致发生的雷击现象，叫做"感应雷"，又称作"二次雷"。

当金属物或其他导体处于雷雨云和大地形成的电场中时，就会感应出与雷雨云相反的电荷，在雷雨云放电后，这些金属物或其他导体与大地间的电场突然消失，而金属物或其他导体上的感应电荷来不及流散，因而能引起很高的对地电压，产生火花放电；而且在雷雨云放电时，在雷电流周围的空间里，还会产生强大的变化的电磁场，其也足以使导体间隙产生火花放电。电磁感应还可以使闭合回路的金属物产生感应电流，在导体接触不良的地方，造成局部发热，这对于易燃易爆的物品也是非常危险的。

知识 2　防雷的重要意义

1. 雷电的危害

雷电发生时，将产生巨大的电压和电流，电压可高达几十万或者百万伏，电流一般也可达几千安，虽然存在的时间十分短暂，但足以使各种建筑物和电气设备受到破坏。

当雷电击到人和各种动物上，巨大的电流不但能使人和动物因神经麻痹、心脏停止跳动而死亡，同时还能将其皮肤烧焦。雷电直接击中树木或电线电杆时，巨大的电流能使它们产生高热而燃烧，或将它们劈裂或劈倒。强大的雷电若击中高大的砖石烟囱或房屋时，将造成其倒塌或损坏。雷击中电气设备和电力系统时，能产生热力和电磁影响：热力作用的时间较短，仅有 $40\mu s$，但可使各种导线熔化；雷电的电磁作用对电气设备和电气线路的绝缘的影响更大，它产生的直接雷击过电压和感应过电压很高、电流很大，能引起电网闪络，毁坏和击穿电气设备和电气线路的绝缘，从而中断供电和损坏电气设备。

雷电引起的巨大破坏给人类社会带来了惨重的灾难。尤其是近几年，我国家用电器日渐普及，高层建筑日益增多，金属建材使用日益普遍，所以雷电灾害也频繁发生，雷击对国民经济造成的直接损失和间接损失日趋严重。为此，我们有必要加强防雷意识，与气象部门积极合作，做好预防工作，将雷击造成的损失降到最低。

2. 雷电的预防

目前，人类社会已经进入电子信息时代，雷电损失的特点与以前相比也有极大的不同，可以概括为如下几个方面。

① 受灾面大大扩展。从电力、建筑这两个传统领域扩展到几乎所有领域，特别是与高新技术关系密切的航天航空、国防、邮电通信、计算机、电子工业、石油化工、金融证券等领域。

② 从二维空间入侵变为三维空间入侵。从闪电直击雷和过电压沿导线传输转变为空间闪电的脉冲电磁场在三维空间入侵任何角落，无孔不入地造成灾害，因而防雷工程已从防直击雷、感应雷发展为防雷电电磁脉冲。

③ 雷电造成的经济损失和其危害程度大大增加了。被雷电袭击的对象本身的直接经济损失有时并不太大，而由此产生的间接经济损失和影响难以估计。

④ 雷电损害的主要对象已成为微电子器件和设备。雷电本身并没有变，而是科学技术的发展使得人类社会的状态变化了。微电子技术的应用渗透到各生产和生活领域，微电子器件极端灵敏这一特点使其很容易受到无孔不入的雷电的作用，造成微电子设备的失控或者损坏。

综上所述，当今时代的防雷工作的复杂性大大增加了，防雷的重要性、迫切性显而易见，雷电的防护已从直击雷防护发展为系统防护，我们必须站在时代的新高度来认识和研究现代防雷技术，以提高人类防雷的综合能力。

知识 3　防雷措施

雷电的危害虽大，但如果我们在思想上加强防雷意识，并且在生产和生活中，在各种电气设备和电气线路上，采取有效的防雷措施，雷灾是完全可以预防的。

1. 电气设备和电气线路的防雷

目前，电气设备和电气线路常用的防雷措施概括为两点。

① 用避雷针和避雷线防止设备和线路受到直击雷的危害。

② 用各种不同形式的避雷器和放电间隙防止设备和线路受到感应雷的危害。

2. 常用保护

（1）避雷针

避雷针是一种保护电气设备不受直击雷危害的有效设施，常用于各种电气设备、变电所、高大房屋和烟囱上。避雷针的构造很简单，由镀锌针、电杆、连接线和接地装置组成。落地雷到来时，高于被保护设施的避雷针会把雷电流引向自身，雷电流通过避雷针上的连接线直接流入接地装置，从而使被保护者免受雷电流的侵害，起到了保护作用。

（2）避雷线

避雷线也是一种防止直击雷的措施，它和避雷针作用相同，只是构造和使用的场合不同。避雷线主要用在 35kV 以上的高压输电线上，防止直击雷对高压输电线的侵害。避雷线架设在架空线路的电力线上面，在每根高压电线电杆处都将它用连接线与接地装置连接在一起，其位置高于导线，当遇有雷电侵扰时，雷电流就会先被避雷线接收，并导入接地装置，从而有效地防止了雷电对高压输电线的危害。

（3）避雷器

避雷器是一种防雷装置，它的作用和避雷线、避雷针不同。避雷器主要用来防止设备受到雷电的电磁作用，即主要预防感应雷造成的危害。常用的避雷器有阀型避雷器和管型避雷器两种。

阀型避雷器专门用来保护变压器和发电厂、变电所的电气设备；管型避雷器主要用来保护线路的绝缘弱点，同时也可作为变电所进出线的第一道保护。

3. 避雷常识

雷电来临时，应注意人身安全，采取一定的防雷措施。一般要做到以下几点。

① 关好室内门窗，在室外工作的人应躲入有防雷设施的建筑物内。

② 不宜使用无防雷措施或防雷措施不足的电视、电脑及音响等电器，不宜使用水龙头。

③ 切勿接触天线、水管、铁丝网、金属门窗、建筑物外墙，远离电线等带电设施

设备或其他类似的金属装置。

④ 不宜使用电话或手持电话。

⑤ 切勿游泳或从事其他水上运动或活动，也不宜进行室外球类活动，应离开水面场地及其他空旷的场地，寻找有防雷设施的地方躲避。

⑥ 切勿站立于山顶、楼顶上或接近容易导电的物体。

⑦ 切勿处理开口容器承载的易燃物品。

⑧ 在旷野无法躲入有防雷设施的建筑物内时，应远离树木和桅杆。

⑨ 在空旷场地不宜打伞，不宜把锄头、羽毛球拍、高尔夫杆等扛在肩上。

⑩ 不宜进入无防雷设施的临时铁皮屋、岗亭等低矮建筑物内。

以上只是在雷雨天时所采取的临时防范措施，要彻底有效地防护和减少雷击事故的发生，必须在公共活动场所内和建筑物上安装防雷装置进行内、外部的防范。

技能训练　触电急救方法的操作训练

1. 训练目的

① 学会根据触电者的症状选择合适的急救方法。

② 掌握两种常用触电急救方法——口对口（鼻）人工呼吸法和胸外心脏按压法的操作要领。

2. 工具器材

视频播放设备、口对口（鼻）人工呼吸法和胸外心脏按压法教学视频、棕垫。

3. 训练内容与步骤

① 组织学生观看口对口（鼻）人工呼吸法和胸外心脏按压法教学视频。

② 以一人模拟呼吸停止的触电者，另一人模拟施救者。"触电者"仰卧于棕垫上，"施救者"按要求调整好"触电者"的姿势，按正确要领进行吹气和换气。"施救者"必须掌握好吹气、换气的时间和动作要领。

③ 以一人模拟心脏停止跳动的触电者，另一人模拟施救者。"触电者"仰卧于棕垫上，"施救者"按要求摆好"触电者"的姿势，找准胸外按压位置，按正确手法和时间要求对"触电者"施行胸外心脏按压。

④ 以上模拟训练二人一组，交换进行，认真体会操作要领。

理论夯实场

一、填空题

1. 我国电力系统中，供电系统的电压等级以＿＿＿＿、＿＿＿＿为主，输配电系统以＿＿＿＿以上为主，现在发电机以＿＿＿＿为主，低压用户均是＿＿＿＿。

2. 工频电流按通过人体电流的大小和人体所呈现的状态不同，大致可分为＿＿＿＿电流、＿＿＿＿电流和＿＿＿＿电流三种。

3. 触电伤害的程度通常与电流的＿＿＿＿、电流的＿＿＿＿、电流的＿＿＿＿及几种因素有关。

4. 电流通过人体时造成的内伤叫做＿＿＿＿；电流对人体外部造成的局部损伤称为＿＿＿＿。触电的形式通常有＿＿＿＿触电、＿＿＿＿触电和＿＿＿＿触电三种。其中危险性最大的是＿＿＿＿触电形式。

二、选择题

1. 以下能源属于二次能源的是（　　）

A. 风能   B. 核能   C. 电能

2. 电流触及人体，使人体外部损伤的触电称为（　　）。

A. 烧伤   B. 电伤   C. 电击

3. 50mA 的工频电流通过心脏就有致命危险，人体电阻最小值一般为 800Ω，那么机床、金属工作台等的照明灯的安全电压应为（　　）。

A. 40V   B. 50V   C. 36V

4. 一般成年男性的平均摆脱电流约为（　　）。

A. 10mA   B. 16mA   C. 30mA

5. （　　）是最危险的电流途径。

A. 从手到手，从手到脚   B. 从左手到胸部   C. 从脚到脚

6. 触电伤害的程度与电流种类的关系是（　　）通常对人构不成伤害。

A. 低频交流电   B. 高频交流电   C. 40～60Hz 的交流电

7. 最危险的触电形式是（　　）。

A. 单相触电   B. 两相触电   C. 跨步电压触电

8. 发生电气火灾后，不能使用（　　）进行灭火。

A. 盖土、盖沙   B. 普通灭火器   C. 泡沫灭火器

9. 实验研究和统计表明，如果从触电后（　　）开始救治，触电者仅有 10% 的救活概率。

A. 1min   B. 6min   C. 12min

学习情境二

电路基本概念和基本定律

教学内容（思维导图）

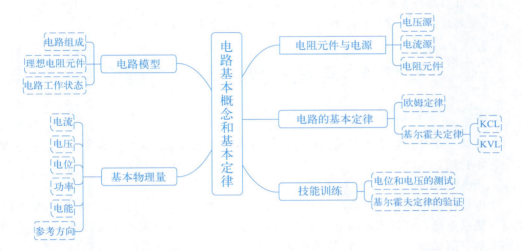

教学目标

知识目标

1. 理解电路模型的构建意义，掌握理想电阻、电压源、电流源的符号、特性及与实际元件的区别。

2. 掌握电流、电压、电位、功率、电能的定义、单位及相互关系。

3. 明确参考方向的意义，能根据参考方向判断实际物理量的正负。

4. 熟练运用欧姆定律解决简单电阻电路问题。

5. 掌握基尔霍夫定律的表述、应用条件及求解电路的方法。

能力目标

1. 电路分析与计算。

① 能计算简单电路的总功率、各元件的功率分配，验证能量守恒。

② 能根据参考方向正确标注电路变量，建立电路方程（如节点电流方程、回路电压方程）。

2. 电路状态判断与故障排查。

① 通过电压、电流的测量，识别电路工作状态（如开路电压异常、短路电流超限）。

② 能利用基尔霍夫定律验证电路参数的合理性（如回路电压和是否为0）。

3. 实验与工具应用。

① 规范使用万用表测量电路中的电压、电流、电阻。

② 能搭建简单电路（如多电源串联系统），验证理论计算结果。

素质目标

1. 科学态度与规范意识。

① 养成严谨的参考方向标注习惯，避免因方向混乱导致计算错误。

② 遵守实验操作规范（如断电测量电阻、防电源短路），强化安全意识。

2. 逻辑思维与工程思维。

① 通过电路模型的抽象化训练，培养从实际问题到理论模型的转化能力。

② 理解理想化假设（如理想电源）的工程意义，初步建立工程近似思维。

3. 节能与安全意识。

① 通过功率计算分析电路能耗，树立节能设计理念。

② 理解短路的危害（如过热起火），形成预防为主的安全责任意识。

模块 1　电路模型与基本物理量

知识 1　电路模型

在生活、生产和科研中，人们广泛使用着各种实际电路，这些电路的形式、特性和作用各不相同。

1. 电路组成

手电筒照明电路是一个简单的电阻电路例子，如图 2.1 所示。手电筒照明电路中，干电池提供电能，电灯泡利用电能发光，导线将干电池和电灯泡连接成通路，开关控制电路通断。图 2.1（a）所示为实际电路，对应的电路图和电路模型分别如图 2.1（b）和图 2.1（c）所示。电路的分析与计算，主要是通过电路模型来进行的。

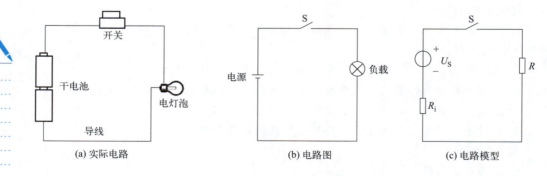

(a) 实际电路　　　　　(b) 电路图　　　　　(c) 电路模型

图 2.1　手电筒照明电路、电路图与电路模型

一个完整的电路是由电源、负载和中间环节三部分组成的。各部分的作用分别是：

① 电源：提供电能的设备，在电路中的作用是向负载提供电能。

② 负载：将电能转换为其他形式的能量的设备，在电路中接受电能。

③ 中间环节：包括将电源和负载连接成通路的导线、控制电路通断的开关以及保护、检测设备。

电路的基本作用有两个。一是实现电能的转换和传输。即在电路中，将其他形式的能量转换成电能、传输和分配电能，以及把电能转换成所需要的其他形式的能量的过程。例如电力系统，发电厂的发电机组把热能、原子能或水能等转换成电能，通过变压器、输电线等输送给各用电单位，用电单位又把电能转换成机械能、光能、热能等。二是信号的处理。即通过电路把施加的信号变换成所需要的输出。例如收音机的调谐电路是用来选择所需要的信号的，而由于收到的信号很微弱，所以需要专门的用于放大信号的放大电路。调谐电路和放大电路的作用就是处理激励信号，使之成为所需要的输出。

2. 理想电路元件

为了便于用数学方法分析电路，一般要将实际电路模型化，即用足以反映实际电路电磁性质的理想电路元件或其组合来模拟实际电路中的元件，从而构建与实际电路相对应的电路模型。一般的理想元件具有两个端，称为二端电路元件。图 2.2 是几种理想电路元件的符号。

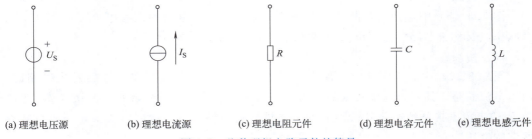

 (a) 理想电压源 (b) 理想电流源 (c) 理想电阻元件 (d) 理想电容元件 (e) 理想电感元件

图 2.2 几种理想电路元件的符号

实际电路中的元件都可以用理想元件或者它们的组合表示。例如图 2.1 中的干电池，可以用理想电压源 U_S 和电源内阻 R_i 串联的电路来表示，电灯泡（负载）主要特性是把电能转换成热能，因此可以用理想电阻元件 R 代替。U_S 给电路提供电能；R_i 和 R 是理想电阻元件，只消耗电能；连接元件的实线是理想导线，起传输电能的作用。

图 2.2（a）是理想电压源，无论外部电路如何变化，始终输出恒定电压 U_S，以电压的形式提供电能，属于有源二端元件。

图 2.2（b）是理想电流源，无论外部电路如何变化，始终输出恒定电流 I_S，以电流的形式提供电能，属于有源二端元件。

图 2.2（c）是理想电阻元件，具有耗能这一单一电特性，即吸收电能转换为其他形式的能量的过程不可逆，属于无源二端元件。

图 2.2（d）是理想电容元件，只具有存储电能、建立电场的单一电特性，即在电路中只交换能量而不耗能，属于无源二端元件。

图 2.2（e）是理想电感元件，只具有存储磁场、建立磁场的单一电特性 ，即在电路中只交换能量而不耗能，属于无源二端元件。

3. 电路的工作状态

电路一般有三种工作状态：通路、开路和短路，如图 2.3 所示。

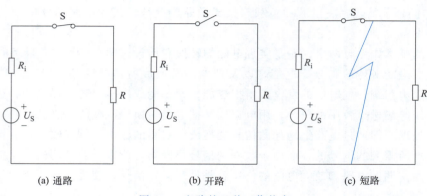

(a) 通路   (b) 开路   (c) 短路

图 2.3   电路的三种工作状态

（1）通路

图 2.3（a）中，开关 S 闭合，电路中电源和负载构成闭合回路，电路中有电流流过，处于接通状态，电阻 R 两端有电压。

（2）开路

图 2.3（b）中，开关 S 断开或者电路中某处断开，电路中没有电流流过，处于断开状态，又称为断路状态，电阻 R 两端的电压为 0V。

（3）短路

图 2.3（c）中，当电路中某两点用导线连接，称负载被短路。电路发生短路时，由于电流总是走捷径，而短接线的电阻近似为零，远小于负载电阻 R，因此本来流过负载 R 的电流不再从负载 R 中流过，而是通过短路的导线直接流回电源，短路时负载 R 两端的电压为 0V。

短路一般分为有用短路和故障短路。有用短路是在特定场景中，出于测试、保护或功能实现的目的，人为设计的短路行为，例如使用短路跳线测试电源模块的输出稳定性。故障短路是因设计缺陷、材料老化、外部破坏或误操作等导致的非预期短路，可能引发危险。故障短路往往会造成电路中电流激增，可能引发火灾、设备损坏，严重的会产生对人的电击事故。

知识2   基本物理量

1. 电流

导体内部存在大量的自由电子，当导体的两端有外加电场作用时，导体内部的自由电子就会定向移动形成电流。根据电流的大小和方向随时间变化的情况，电流可分为以下类型。

恒定电流：大小和方向都不随时间变化的电流，简称直流，一般用"DC"表示。

时变电流：大小和方向或两者之一随时间变化的电流。

脉动电流：方向不变，但大小随时间变化的电流。

变动电流：大小和方向均随时间变化的电流。

周期性变动电流：每隔一段时间，总是重复前面变化的电流。

交变电流：在一个周期内，电流平均值为零的周期性变动电流，简称交流，一般用"AC"表示。

正弦交流电路：按正弦规律变化的交变电流。

电流的大小一般用电流强度定义，即：

$$i = \frac{\mathrm{d}q}{\mathrm{d}t} \tag{2-1}$$

对于直流电，电流强度可表示为：

$$I = \frac{Q}{t} \tag{2-2}$$

式中，电量 $q(Q)$ 的单位是库仑（C），时间 t 的单位是秒（s），电流 $i(I)$ 的单位是安培（A）。电流的单位还有千安（kA）、毫安（mA）、微安（μA）和纳安（nA），换算关系如下：

$$1\mathrm{kA} = 10^3\,\mathrm{A}$$
$$1\mathrm{A} = 10^3\,\mathrm{mA} = 10^6\,\mu\mathrm{A} = 10^9\,\mathrm{nA}$$

2. 电压

电路中，电场力推动电荷做功，将电能转换为其他形式的能。为了衡量电场力对电荷的做功能力，引入电压这一物理量。电路中任意两点 A、B 的电压，在数值上等于电场力将单位正电荷从 A 点移动到 B 点所做的功。

直流电压符号为"U"，则：

$$U = \frac{W}{q} \tag{2-3}$$

交流电压符号为"u"，则：

$$u = \frac{\mathrm{d}w}{\mathrm{d}q} \tag{2-4}$$

电压的单位为伏特（V），常用的还有千伏（kV）、毫伏（mV）和微伏（μV）。它们之间的换算关系如下：

$$1\mathrm{kV} = 10^3\,\mathrm{V}$$
$$1\mathrm{V} = 10^3\,\mathrm{mV} = 10^6\,\mu\mathrm{V}$$

3. 电压和电流的参考方向

电流在电路中的实际方向只有两种可能，如图 2.4 所示。图 2.4（a）中，当有正电荷从 A 端流入并从 B 端流出时，习惯上称电流从 A 端流向 B 端；反之，图 2.4（b）

（a）   （b）

图 2.4　电流方向

认为电流从 B 端流向 A 端。实际分析电路时，有时某一段电路中的电流的实际方向很难预先判断出来，为了解决这个问题，引入了"参考方向"的概念。

在图 2.5 中，任意选定一个方向为电流的参考方向（图中实线表示），电流的实际方向（图中虚线表示）不一定和参考方向一致。把电流看做代数量，当电流的参考方向和实际方向一致时［图 2.5（a）］，电流为正值；当电流的参考方向和实际方向相反时［图 2.5（b）］，电流为负值。因此，在确定了电流的参考方向的情况下，电流值的正负反映了电流的实际方向。

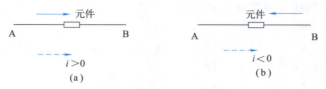

图 2.5　电流的参考方向

特别说明：电流的参考方向是任意指定的，在电路中一般用箭头表示，有时也用双下标表示，如 i_{AB} 表示参考方向由 A 指向 B。

同理，电压的实际方向也只有两种。把电压当作代数量，如图 2.6 所示，选定电压的参考方向为左正右负，当电压的参考方向和实际方向一致时，电压为正值；当电压的参考方向和实际方向相反时，电压为负值。

特别说明：电压的参考方向是任意指定的，在电路中一般用正（＋）、负（－）极性表示，正极指向负极的方向就是电压的参考方向。有时也可以用箭头表示，或者用双下标表示，如 u_{AB}，表示参考方向由 A 指向 B。

参考方向在分析电路时起着重要的作用。引入电流和电压的参考方向之后，分析任何电路之前都要先设定各处的电流和电压的参考方向。对任意一段电路的电压和电流的参考方向，可以独立地任意指定。当指定电流从标着电压"＋"极的一端流入，并从标着"－"极的另一端流出时，即电流的参考方向和电压的参考方向一致，把电流和电压的这种参考方向称作关联参考方向（图 2.7）。

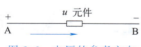

图 2.6　电压的参考方向

图 2.7　电压和电流的关联参考方向

【例 2.1】　二端元件电流和电压的参考方向如图 2.8 所示，判断图 2.8（a）～（d）中哪些是关联参考方向，哪些是非关联参考方向。

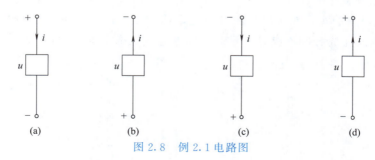

图 2.8　例 2.1 电路图

解：图 2.8（a）、（b）中电流和电压的参考方向为关联参考方向。

图 2.8（c）、（d）中电流和电压的参考方向为非关联参考方向。

4. 电位

电位是电路中某点到参考点之间的电压。当选定电路中 b 点为参考点时，就是规定 b 点的电位为零。由于参考点的电位为零，所以参考点又称零电位点。

参考点是可以任意选定的，但一经选定，各点电位的计算即以该点为准。如果换一个参考点，则各点电位也随之变化，即电位随参考点的选择而异。

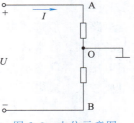

图 2.9　电位示意图

在工程中，常选大地作为参考点，即认为大地电位为零。

电位符号用 V 表示。如图 2.9 中，以 O 点为参考点，那么 $V_O=0V$，A 点电位记做 V_A，B 点电位记做 V_B，则 $V_A=U_{AO}$、$V_B=U_{BO}$。

$$U_{AB}=U_{AO}+U_{OB}=U_{AO}-U_{BO}=V_A-V_B \qquad (2-5)$$

从式（2-5）可以看出，两点间的电压就是这两点的电位之差。电压的实际方向是从高电位指向低电位，所以电压也称电压降。

【例 2.2】　电路中各元件的参数如图 2.10 所示。分别以 a、b 点为参考点，求图示电路中各点的电位：V_a、V_b、V_c、V_d，另求电压 U_{cb}。

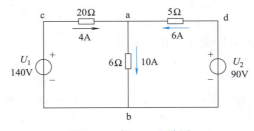

图 2.10　例 2.2 电路图

解：以 a 点为参考点，那么：

$$V_a=0V$$
$$V_b=U_{ba}=6\Omega\times(-10A)=-60V$$
$$V_c=U_{ca}=20\Omega\times4A=80V$$
$$V_d=U_{da}=5\Omega\times6A=30V$$

以 a 点为参考点，电压 $U_{cb}=140V$，或：

$$U_{cb}=U_{ca}+U_{ab}=U_{ca}-U_{ba}=V_c-V_b=80V-(-60V)=140V$$

以 b 点为参考点，那么：

$$V_b=0V$$
$$V_a=U_{ab}=6\Omega\times10A=60V$$
$$V_c=U_{cb}=140V$$
$$V_d=U_{db}=90V$$

以 b 点为参考点，电压 $U_{cb}=140V$，也可以这样求解：

$$U_{cb}=V_c-V_b=U_{cb}-0=140V$$

从这道例题可以看出，参考点不同，电位不同；两点间的电压就是这两点的电位之差，与参考点没有关系。

5. 电流和电压的测量

测量电流采用电流表，理论分析时，为了简化分析问题的步骤，常把电流表的内阻忽略。实际中，电流表的内阻非常小，测量时必须把电流表串联在电路中，如图 2.11 所示。如果误将电流表并联在电路中，会因为其内阻比较小造成电流过大导致电流表烧毁。

电路中一般选用电压表或者万用表的电压挡测量电压。理论分析时，为了简化分析问题的步骤，常常认为电压表的内阻无穷大。实际中，电压表的内阻非常大，测量时必须把电压表并联在电路中，如图 2.12 所示。如果误将电压表串联在电路中，会因为其内阻比较大造成电压表不动作。

图 2.11　电流测量示意图

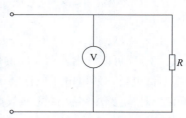

图 2.12　电压测量示意图

6. 功率

定义：单位时间内能量的变化。其定义式为：

$$p(t)=\frac{\mathrm{d}w}{\mathrm{d}t}=u(t)\frac{\mathrm{d}q}{\mathrm{d}t}=u(t)i(t) \tag{2-6}$$

把能量传输（流动）的方向称为功率的方向，消耗功率时功率为正，产生功率时功率为负。

符号：$p(P)$。

单位：瓦（W）。除瓦之外，也可用 kW（千瓦）或 mW（毫瓦）作单位。它们之间的换算关系如下：

$$1\mathrm{kW}=10^3\,\mathrm{W}$$
$$1\mathrm{W}=10^3\,\mathrm{mW}$$

注意功率计算中的问题。

功率的计算公式为：

$$p(t)=u(t)i(t)$$

① 实际功率 $p(t)>0$ 时，电路部分吸收能量，此时的 $p(t)$ 称为吸收功率。

② 实际功率 $p(t)<0$ 时，电路部分发出能量，此时的 $p(t)$ 称为发出功率。

具体计算时，若选取的元件或电路部分的电压 u 与电流 i 方向关联，即方向一致，计算得出的功率若大于零，则表示元件或电路部分吸收能量，此时的 $p(t)$ 称为吸收功率；计算得出的功率若小于零，则表示元件或电路部分产生能量，此时的 $p(t)$ 称为发出功率。

可以用以下方式来记忆。

流过电阻元件的电流与其两端的电压实际上总是相同方向，因此其功率 $p(t)=$

$u(t)i(t)>0$，电阻元件为消耗电能的元件。那么在电压和电流方向取定为关联参考方向时，如果计算得出的功率值大于零，则说明该电路部分吸收功率、消耗能量。

当独立电压源为电路供能时，流过它的电流与其两端的电压实际上总是相反方向，因此其功率 $p(t)=u(t)i(t)<0$，此时独立电源为产生电能的元件。那么在电压和电流方向取定为关联参考方向时，如果计算得出的功率值小于零，则说明该电路部分发出功率、产生电能。

【例 2.3】 如图 2.13 所示电路中，已知 $U_1=1V$，$U_2=-6V$，$U_3=-4V$，$U_4=5V$，$U_5=-10V$，$I_1=1A$，$I_2=-3A$，$I_3=4A$，$I_4=-1A$，$I_5=-3A$。试求：① 各二端元件吸收的功率；②整个电路吸收的功率。

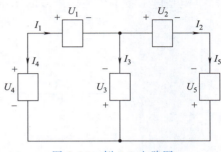

图 2.13　例 2.3 电路图

解：各二端元件吸收的功率为：

$$P_1=U_1I_1=1V\times 1A=1W$$
$$P_2=U_2I_2=(-6V)\times(-3A)=18W$$
$$P_3=-U_3I_3=-(-4V)\times 4A=16W$$
$$P_4=U_4I_4=5V\times(-1A)=-5W$$
$$P_5=-U_5I_5=-(-10V)\times(-3A)=-30W$$

整个电路吸收的功率为：

$$P_1+P_2+P_3+P_4+P_5=1W+18W+16W+(-5W)+(-30W)=0$$

7. 电能

在生活中，我们还需要计算一段时间内电路所消耗（或产生）的电能。

在 t_0 到 t_1 的时间内，电路消耗的电能为：

直流时

$$W=Pt=UIt \tag{2-7}$$

国际单位制中，电能的单位是焦［耳］（J）。工程上，电能的单位一般用 kW·h 表示。1 千瓦·时就是 1 度。

$$1kW\cdot h=3.6\times 10^6 J$$

日常生活和生产实践中常用的千瓦·时表也称电度表，是用来测量电能消耗量的仪表。

【例 2.4】 有一个电饭锅，额定功率为 750W，每天使用 2h；一台 25in（1in＝25.4mm）电视机，功率为 150W，每天使用 4h；一台电冰箱，输入功率为 120W，电冰箱每天工作 8h。试计算每月（30 天）耗电多少度？

解：每天耗电为：

$$750W\times 2h+150W\times 4h+120W\times 8h=0.75kW\times 2h+0.15kW$$
$$\times 4h+0.12kW\times 8h$$
$$=3.06kW\cdot h$$

每月耗电为：$3.06kW\cdot h\times 30=91.8kW\cdot h$
即每月耗电 91.8 度。

模块 2　电阻元件与电源

知识 1　电阻元件

1. 电阻的基本知识

电阻是电工技术中使用最多的元器件之一。电阻元件是从实际电阻类元器件抽象出来的模型，如电阻器、灯泡、电烙铁和电炉等，它是一种对电流呈现阻碍作用的耗能元件。我们常将电阻元件简称为电阻，它是表征材料（或元器件）对电流呈现阻力以及消耗电能的能力的参数。在电路中，电阻的主要作用是限流、分压。

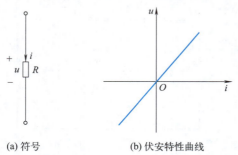

(a) 符号　　　(b) 伏安特性曲线

图 2.14　线性电阻的符号、伏安特性曲线

线性电阻的符号如图 2.14（a）所示，其电压、电流关系简称 VCR（voltage current relation），服从欧姆定律。在图 2.14（a）所示的电压、电流参考方向下，有：

$$u = Ri \tag{2-8}$$

将 R 称为电阻的电阻值（resistance）。在习惯上，R 既表示电阻的电阻值，也表示电阻元件，本书后文对二者不加区别。

在任何时刻，两端电压与其电流的关系都服从欧姆定律的电阻元件称为线性电阻元件。线性电阻元件的伏安特性曲线是过坐标原点的一条直线，如图 2.14（b）所示。

如果电压的单位为伏特，电流的单位为安培，则电阻的单位就是欧姆❶，符号为 Ω。比欧姆更大的常用单位还有千欧（$k\Omega$）和兆欧（$M\Omega$）。它们之间的换算关系是：

$$1 k\Omega = 10^3 \Omega$$
$$1 M\Omega = 10^3 k\Omega = 10^6 \Omega$$

2. 电阻元件的功率

在电压和电流为关联参考方向时，任何时刻线性电阻元件吸取的电功率直流时为：

$$P = UI = I^2 R = \frac{U^2}{R} \tag{2-9}$$

由式（2-9）可以看出，电阻元件上的电功率 $P \geqslant 0$，说明电阻元件在任何时刻不可能发出电能，也就是它吸收的电能全部转换成其他非电能量而被消耗或者用作其他用途，即电阻元件是耗能元件。

【例 2.5】　标有"25Ω，$225W$"的电阻元件，其允许通过的最大额定电流和电压是多少？

解：因为
$$P = I^2 R$$
$$225W = I^2 \times 25\Omega$$

得
$$I = 3A$$

---

❶　欧姆（Georg Simon Ohm，1787—1854），德国物理学家，其最重要的科学成就之一是提出了欧姆定律。

因为
$$P = \frac{U^2}{R}$$

$$225\,\mathrm{W} = \frac{U^2}{25\,\Omega}$$

得
$$U = 75\,\mathrm{V}$$

知识 2　电压源和电流源

1. 理想电压源

理想电压源是一个理想有源二端元件，元件的电压与通过它的电流无关，电压值是给定时间的函数。因此，理想电压源具有以下两个特点：

① 理想电压源输出电压不受外电路影响，只根据自己固有的变化规律变化。

② 元件中的电流随与它连接的外电路的变化而变化。

图 2.15（a）、（b）是理想电压源的图形符号。u_S 为理想电压源的电压，"＋""－"为参考极性。如果电压 u_S 为常数，则为直流理想电压源［图 2.15（b）］，长线段表示电压源的高电位端，短线段表示电压源的低电位端。图 2.15（b）也是电池的图形符号。图 2.15（c）是直流理想电压源的伏安特性曲线，是一条不通过原点且与电流轴平行的直线。

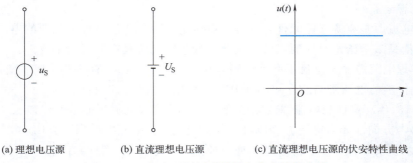

(a) 理想电压源　　　(b) 直流理想电压源　　　(c) 直流理想电压源的伏安特性曲线

图 2.15　理想电压源图形符号和伏安特性曲线

当理想电压源没有接外电路时，如图 2.16（a）所示，此时电流 i 为零，电压源两端的电压为 u_S，称这种情况为电压源处于开路，电压源两端的电压即为开路电压。图 2.16（b）表示电压源接有外电路，随着外电路的改变，电流随之改变，但电压源两端电压始终是 u_S，不受外电路影响。当电压源的电压 $u_S = 0$ 时，电压源的伏安特性曲线是 i-u 平面中的电流轴，相当于短路，即电压为零的电压源相当于短路。

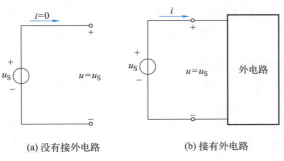

(a) 没有接外电路　　　(b) 接有外电路

图 2.16　理想电压源电路

通常，电压源的电流和电压取非关联参考方向。

2. 实际电压源

实际的电压源，两端电压会随着电流的变化而变化，这是因为实际电压源内部是有电阻的。如图 2.17 是实际电压源的模型，用一个理想电压源和一个电阻串联来等效，图 2.17（c）为直流电压源［2.17（b）］的伏安特性曲线。实际电压源的端电压为：

$$U=U_S-IR_i \tag{2-10}$$

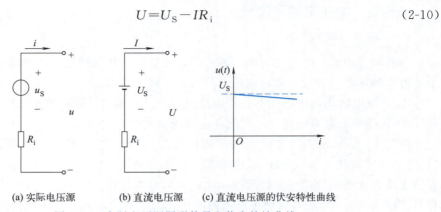

(a) 实际电压源   (b) 直流电压源   (c) 直流电压源的伏安特性曲线

图 2.17　实际电压源图形符号和伏安特性曲线

3. 理想电流源

理想电流源是有源二端元件，与理想电压源相反，通过理想电流源的电流与电压无关，电流值是某一给定时间的函数。因此，理想电流源具有以下两个特点：

① 理想电流源输出电流不受外电路影响，只根据自己固有的变化规律变化。

② 元件上的电压随与它连接的外电路的变化而变化。

图 2.18（a）是理想电流源的图形符号。i_S 为理想电流源的电流，箭头所指的方向为 i_S 的参考方向。如果电流 i_S 为常数，则为直流理想电流源，图 2.18（b）是直流理想电流源的伏安特性曲线，是一条不通过原点且与电压轴平行的直线。

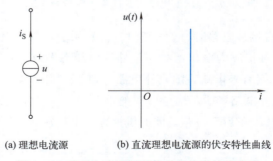

(a) 理想电流源   (b) 直流理想电流源的伏安特性曲线

图 2.18　理想电流源图形符号和伏安特性曲线

图 2.19 所示为理想电流源的两个重要特点。图 2.19（a）表示理想电流源短路的情况，其端电压 $u=0$、$i=i_S$。图 2.19（b）表示接外电路时的情况，如果外电路改变，电压 u 随之改变，但电流 i 始终为 i_S，不受外电路影响。

当电流源的电流 $i_S=0$ 时，电流源的伏安特性曲线是 i-u 平面中的电压轴，相当于开路，即电流为零的电流源相当于开路。

通常，电流源的电流和电压取非关联参考方向。

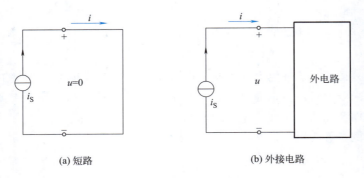

(a) 短路　　　　　　　　(b) 外接电路

图 2.19　理想电流源电路

4. 实际电流源

实际电流源由于内部有电阻，因此在接外电路后，输出电流会减小。如图 2.20 （a）所示是实际电流源模型，用一个理想电流源和一个电阻并联来等效。图 2.20 （b）为直流电流源的伏安特性曲线。实际电流源输出电流为：

$$I = I_S - \frac{U}{R_i} \tag{2-11}$$

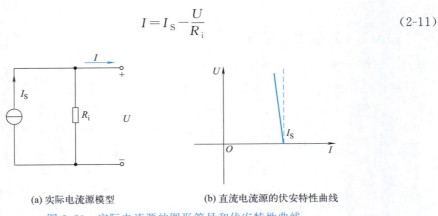

(a) 实际电流源模型　　　　　(b) 直流电流源的伏安特性曲线

图 2.20　实际电流源的图形符号和伏安特性曲线

模块 3　电路的基本定律

知识 1　欧姆定律

19 世纪德国科学家欧姆通过实验得出：在同一电路中，导体中的电流跟导体两端的电压成正比，跟导体的电阻值成反比。这就是欧姆定律。

当电压和电流取关联参考方向时（或直流电压和直流电流），欧姆定律表达式为：

$$I = \frac{U}{R} \tag{2-12}$$

在国际单位中，电流 I 的单位是安培（A），简称安；电压 U 的单位是伏特（V），简称伏；电阻 R 的单位是欧姆（Ω），简称欧。

式（2-12）还可变形为：

$$U = RI \tag{2-13}$$

$$R = \frac{U}{I} \tag{2-14}$$

欧姆定律只适用于线性电路，反映了电阻元件上电压和电流之间的约束关系。其伏安特性曲线是一条通过原点的直线，即电压和电流是线性关系，说明电阻 R 是不随电压和电流变化而变化的，是元件本身固有的性质，是一个定值。

将电阻的倒数称为电导，并用符号 G 表示，即：

$$G = \frac{1}{R} \tag{2-15}$$

电导的单位为西门子，符号为 S。用电导表示的欧姆定律为：

$$U = \frac{1}{G}I$$

$$I = GU \tag{2-16}$$

如果电压、电流为非关联参考方向，则其电压电流关系为：

$$U = -RI$$

知识 2　基尔霍夫定律

基尔霍
夫定律

1. 关于电路结构的几个名词

在讨论基尔霍夫定律之前，先定义几个有关电路结构的名词。

① 支路：一个或者几个二端元件相串联组成的无分岔电路称作支路。同一条支路上各元件通过的电流相同。含有电源的支路称为有源支路，不含电源的支路称为无源支路。图 2.21 中，ac、ab、ad、db、dc、bc 是支路。

② 节点：三条或者三条以上的支路的连接点称作节点。图 2.21 中，a 点、b 点、c 点、d 点是节点。节点和电路中的某个点是不同的。

③ 回路：电路中任意闭合路径称作回路。图 2.21 中，abcda、abda、dbcd、abca、adca 是回路。

④ 网孔：内部没有跨接支路的回路称为网孔。图 2.21 中，abda、dbcd、adca 是网孔，而 abcda、abca 不是网孔，它们内部跨接有其他支路。

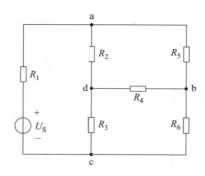

图 2.21　电路名词定义图

2. 基尔霍夫电流定律

德国物理学家基尔霍夫在 1845 年提出电路中电压和电流所遵循的基本规律的两个定律，即基尔霍夫电流定律和基尔霍夫电压定律。

基尔霍夫电流定律是基尔霍夫第一定律，简称 KCL，其内容为：在电路中，任何时刻，对任一节点，所有支路电流的代数和恒等于零。表达式为：

$$\sum i = 0 \tag{2-17}$$

例如，对图 2.21 中节点 a 应用 KCL，在如图所示电流参考方向下，有

$$i_1 - i_2 - i_6 = 0 \tag{2-18}$$

即
$$\sum i = 0$$

在此，定义流入节点的电流取正号，流出节点的电流取负号。

由式（2-18）得：
$$i_1 = i_2 + i_6 \tag{2-19}$$

式（2-19）表明：任何时刻，流入任一节点的
支路电流之和等于流出该节点的支路电流之和，这
是 KCL 的另一种表达，即：
$$\sum i_入 = \sum i_出 \tag{2-20}$$

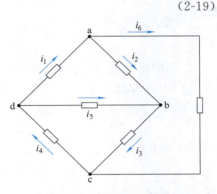

图 2.22　例 2.6 电路图

【例 2.6】　图 2.22 中，已知 $i_3 = 3A$，$i_4 = -4A$，求支路电流 i_6 是多少？

解：根据 KCL，对节点 c 有：
$$i_3 + i_6 - i_4 = 0$$
$$3 + i_6 - (-4) = 0$$
所以
$$i_6 = -7（A）$$

由此可见，i_6 电流的实际流向与参考方向相反，是流向节点 a。

KCL 不仅适用于节点，也适用于包含几个节点的闭合面。图 2.23 中，对闭合面 S 有 $i_1 - i_2 + i_3 = 0$，即 $\sum i = 0$。

应用 KCL 要注意以下几点：

① 列写 KCL 方程之前，必须先设定支路电流的参考方向。

② KCL 不仅适用于线性电路，也适用于非线性电路。

③ KCL 不仅适用于直流电流，也适用于交流电流。

3. 基尔霍夫电压定律

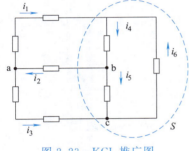

图 2.23　KCL 推广图

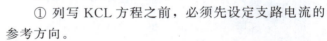

基尔霍夫电压定律简称 KVL，其内容为：在电路中，任何时刻，沿任一回路上的所有支路电压的代数和恒等于零。表达式为：
$$\sum u = 0 \tag{2-21}$$

KVL 描述的是电路中任一回路上各段电压之间应遵循的规律。图 2.24（a）中 3 个回路的参考绕行方向均选择顺时针绕行，并且规定：沿回路绕行方向，凡元件端电压从"+"到"−"的参考方向与绕行方向一致时取正，相反时取负。

依据此规定，根据 KVL 对回路 adba 列方程有：
$$u_{R3} - u_{R2} = 0$$

用电流表示为：
$$R_3 i_3 - R_2 i_2 = 0$$

根据 KVL 对回路 abca 列方程有：
$$u_{R1} + u_{R2} - u_S = 0$$

用电流表示为：

$$R_1 i_1 + R_2 i_2 - u_S = 0$$

根据 KVL 对回路 adbca 列方程有：

$$u_{R1} + u_{R3} - u_S = 0$$

用电流表示为：

$$R_1 i_1 + R_3 i_3 - u_S = 0$$

3 个回路均遵循基尔霍夫电压定律，即 $\sum u = 0$。

KVL 不仅适用于闭合回路，也适用于不闭合回路。图 2.24（b）是非闭合回路，设回路参考绕行方向为顺时针方向，由 KVL 得：

$$u_{R1} + u_{ab} - u_{R2} - u_S = 0$$

用电流表示为：

$$R_1 i_1 + u_{ab} - R_2 i_2 - u_S = 0$$

即 $\sum u = 0$。

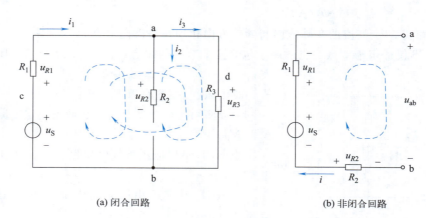

(a) 闭合回路　　　　　　　　(b) 非闭合回路

图 2.24　KVL

【例 2.7】　如图 2.25 所示电路中，已知 $R_1 = 4\Omega$，$R_2 = 3\Omega$，$R_3 = 8\Omega$，$U_{S1} = 28V$，流过 U_{S1} 和 R_3 的电流各是多少？

解：根据 KCL，对封闭面 S 有：

$$I_2 = 0A$$

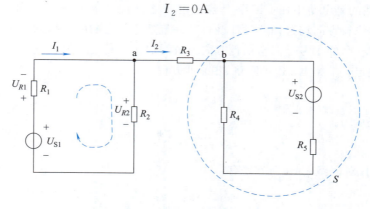

图 2.25　例 2.7 电路图

设 U_{S1} 所在回路参考方向为顺时针方向，根据 KVL 有：

$$U_{R1}+U_{R2}-U_{S1}=0$$
$$I_1R_1+I_1R_2-U_{S1}=0$$

所以

$$I_1=\frac{U_{S1}}{R_1+R_2}=\frac{28}{4+3}=4\ (\text{A})$$

拓展资源 1　数字万用表的使用

数字万用表的使用

这里介绍的数字万用表是 VC890 系列，如图 2.26 所示。其是一系列性能稳定、用电池驱动的高可靠性数字万用表。仪表采用 LCD 显示器，读数清晰、使用方便。此万用表可用来测量直流电压、交流电压、电阻、通断、直流电流、交流电流、二极管和三极管电极等。

数字万用表面板如图 2.27 所示。1：液晶显示器，显示仪表测量的数值。2：这个挡位称为二极管或通断测试挡或者蜂鸣挡。3：三极管测试座，测试三极管的输入端。4：旋钮开关，用于改变测量功能、量程以及控制开关机。功能和量程后续再详细介绍。

接下来介绍 5～8 的这四个插座。5：测量电压、电阻、电容、二极管时的红表笔插座。6：COM 端，黑表笔插座。7：测试 20A 电流的红表笔插座。8：测量电流（包括直流电流和交流电流）时的红表笔插座。

图 2.26　VC890 系列数字万用表

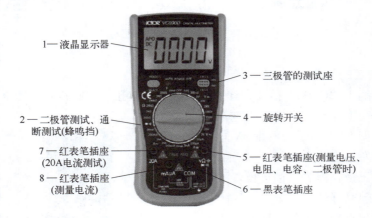

1—液晶显示器

3—三极管的测试座

2—二极管测试、通断测试(蜂鸣挡)

4—旋转开关

7—红表笔插座(20A电流测试)

5—红表笔插座(测量电压、电阻、电容、二极管时)

8—红表笔插座(测量电流)

6—黑表笔插座

图 2.27　数字万用表面板功能介绍

注意：使用万用表时，首先要根据要测量的参数确认万用表的红、黑表笔插的孔是正确的，旋转开关指示的位置是正确的，然后再进行测量。

1. 电阻的测量

如图 2.28 所示，首先将红表笔插入 VΩ 孔，黑表笔插入 COM 孔；旋转开关转到"Ω"量程挡的适当位置；分别用红、黑表笔接电阻两端金属部分，读出显示屏上显示的数据，电阻值要带上单位。量程是 200 的，直接带单位 Ω；量程是 2k、20k、200k

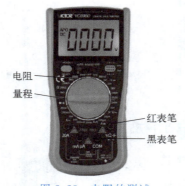

图 2.28 电阻的测试

的，直接带单位 kΩ；量程是 2M、20M 的，直接带单位 MΩ；如果电阻值超过所选的量程，则会显示"1"，有些显示"OL"，这时应将旋转开关转至较高挡位。

注意：电阻是不能带电测量的，测量在线电阻时，要确认被测电路所有电源已关断及所有电容都已完全放电。

2. 蜂鸣挡测量通断

蜂鸣挡测量通断如图 2.29 所示。这个挡位有两个作用：一是用来测量二极管的正负极，二是测量导线或者电路的通断。将黑表笔插入"COM"孔、红表笔插入 VΩ孔，对一条导线进行通断测量，将表笔连接到待测导线的两端金属部分，蜂鸣器发声，则导线是通的，是好的，否则导线可能断了，不能再继续使用。

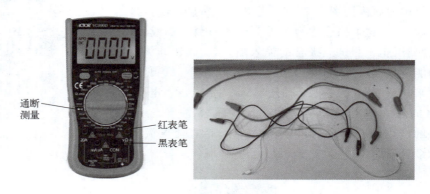

图 2.29 蜂鸣挡测量导线通断

3. 直流电压的测量

将黑表笔插入"COM"插孔、红表笔插入 VΩ插孔，将旋转开关转至相应的 DCV（即直流电压）量程上，并将表笔与被测线路并联，显示读数。如图 2.30 所示为测量 9V 电池的电压。首先将旋转开关转到直流 20V 上，然后测 9V 电池的电压，红表笔接正极，黑表笔接负极，测量结果为 10V 左右，说明电池是好的。

红表笔所接点的电压与极性显示在屏幕上。如果屏幕显"1"或者"OL"，表明数值已超过量程范围，须将旋转开关转至较高挡位上。

注意：直流电压值要带上单位。量程是 200mV 的，直接带单位 mV；量程是 2V、20V、200V 的，直接带单位 V。

需要提醒的是，如果事先对被测电压范围没有概念，应将旋转开关转到较高的挡位，然后根据显示数值再转至相应的合适的挡位上。

图 2.30 测量 9V 电池的电压

4. 直流电流的测量

如图 2.31 所示，黑表笔插入 COM 孔、红表笔插入 mA 插孔或者 20A 插孔，旋转开关转至"A－"（直流），并选择合适的量程。断开被测线路，将数字万用表串联入被测线路中，被测线路中电流流入红表笔，经万用表黑表笔流出，再流入被测线路中，读出 LCD 上显示的数字，带上单位。

注意：

① 估计电路中电流的大小。若测量大于 200mA 的电流，则要将红表笔插入"20A"插孔并将旋转开关转到直流"20A"挡；若测量小于 200mA 的电流，则将红表笔插入"mA"插孔，将旋转开关转到直流 200mA 以内的合适的量程。

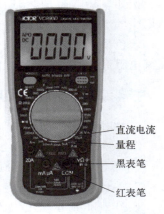

图 2.31　直流电流的测量

② 将万用表串进电路中，保持显示稳定后即可读数。若显示为"1."，那么要加大量程；如果在数值左边出现"－"，则表明电流从黑表笔流进万用表。

③ 测量完之后，记得把旋转开关转至"OFF"。

拓展资源 2　电阻的标志方法——色环法

将电阻的标称值和允许偏差用色环标注。普通电阻用四个色环表示，其中前 2 个色环表示 2 位有效数字，第 3 个色环表示倍率，第 4 个色环表示允许偏差，如图 2.32（a）所示；精密电阻用 5 个色环表示，其中前 3 个色环表示 3 位有效数字，第 4 个色环表示倍率，最后 1 个色环表示允许偏差，如图 2.32（b）所示。

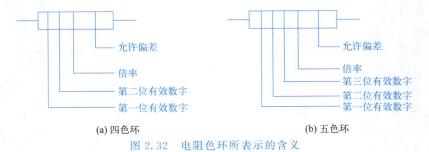

(a) 四色环　　　　　　　　　　　　　(b) 五色环

图 2.32　电阻色环所表示的含义

表 2.1 为电阻色环对应的数字和允许偏差。

表 2.1　电阻色环对应的数字和允许偏差

颜色	黑	棕	红	橙	黄	绿	蓝	紫	灰	白	金	银	本色
数值	0	1	2	3	4	5	6	7	8	9			
允许偏差/%		±1	±2			±0.5	±0.25				±5	±10	±20

四色环电阻多以金色（±5%允许偏差）或银色（±10%允许偏差）作为允许偏差环，五色环电阻多以棕色（±1%允许偏差）作为允许偏差环。为方便识别，允许偏差环（最后的色环）和倍率环（倒数第二环）之间的间距往往比其他环之间的间距大。

例如，某电阻的色环颜色为黄、紫、橙、金，则表示电阻阻值为 $47 \times 10^3 \Omega =$ 47kΩ，允许偏差为 $47000 \times (\pm 5\%) = \pm 2350\Omega = \pm 2.35\text{k}\Omega$。

若色环电阻标记不清或个人辨色能力差时，要用可测电阻的仪表（比如万用表）测量其电阻值。

技能训练1　电位和电压的测量

1. 训练目的
① 明确电路中电位和电压的概念，理解参考点对电位、电压的影响。
② 通过电位值、电压值的测定，验证电位值的相对性和电压值的绝对性。

2. 训练电路
如图 2.33 所示。

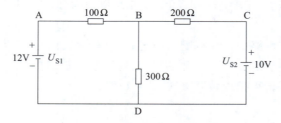

图 2.33　电位和电压测量电路图

3. 训练设备
① 实验元器件：电阻（100Ω、200Ω、300Ω）、电压源（10V，12V）、导线若干。
② 实验仪表：数字万用表。

4. 训练内容与步骤
（1）训练内容

电路中某点的电位等于该点到参考点之间的电压。电位参考点改变，各点电位相应改变，但任意两点间的电压是不变的，所以电位是相对的，电压是绝对的。

（2）训练步骤

① 先从直流源调出 $U_{S1} = 12\text{V}$、$U_{S2} = 10\text{V}$，测试后关掉电源。（老师指导调电源。）

② 电路图中所需的各电阻元件需要测量。

③ 按图 2.33 接好电路。连好电路后，要清楚电路图中的点 A、B、C、D 在连接好的电路中的位置。

④ 检查电路无误后，再打开电源。用数字万用表（直流电压 20V 挡）分别测量表 2.2 中的各电位值和电压值，并将数据填入表中。注意：当电压表反接时，读数将出现负号。

表 2.2　电位值、电压值数据测量表

参考点	电位				电压			
	V_A	V_B	V_C	V_D	U_{AB}	U_{BC}	U_{CD}	U_{DA}
D								
C								

（3）测试说明

① 使用数字万用表测量电压时，比如 U_{AB}，红表笔放在点 A、黑表笔放在点 B，也就是红表笔放在电压下标字母的第一个字母处，黑表笔放在第二个字母处。

② 使用数字万用表测量电位时，比如以 D 为参考点，测量点 A 的电位 V_A 时，红表笔放在点 A，黑表笔放在参考点。电位的概念再次回顾：某点的电位是该点到参考点的电压。也就是说以 D 为参考点，电位 $V_A = U_{AD}$。

5. 分析与讨论

对表 2.2 中的数据进行分析，并讨论以下问题：

① 参考点的改变对各点的电位有无影响？对任意两点间的电压值有无影响？

② 从表 2.2 中数据计算是否满足 $U_{AB} = V_A - V_B$（要用表中数据证明）。

③ 根据表 2.2 中的电压测量数据证明回路 ABCDA 是否满足 $\sum U = 0$。

注意：应先列出方程，再代入表中测量数据计算。

技能训练 2　基尔霍夫定律的验证

1. 训练目的

通过实验验证基尔霍夫定律的正确性，从而提高对基尔霍夫定律的理解和应用水平。

2. 训练电路

如图 2.34 所示。

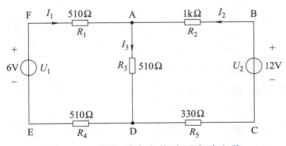

图 2.34　基尔霍夫定律验证实验电路

3. 训练设备

① 训练元器件：电阻（510Ω、1kΩ、330Ω）、电压源（6V、12V）、导线若干。

② 训练仪表：数字万用表。

4. 训练内容与步骤

（1）训练内容

基尔霍夫定律是电路分析中最基本、最重要的定律之一，它概括为两个定律：

① 流入节点的电流的代数和恒等于零。即 $\sum I = 0$。

② 电路中任一闭合回路中的电压的代数和恒等于零。即 $\sum U = 0$。

（2）训练步骤

① 先从直流源调出 $U_1 = 6V$、$U_2 = 12V$，测试后关掉电源。（老师指导调电源。）

② 电路图中所需的各电阻元件需要测量。

③ 按图 2.34 接好电路。连好电路后，要清楚电路图中的点 A、B、C、D、E、F 在连接好的电路中的位置，电流 I_1、I_2、I_3 在哪里。

④ 检查电路无误后，再打开电源。用数字万用表（直流电压 20V 挡）分别测量表 2.3 中的各电压值，并将数据填入表中。电流 I_1、I_2、I_3 的测量由老师指导。

表 2.3　基尔霍夫定律验证电路图数据表

测量项目	U_{FA}	U_{AD}	U_{DE}	U_{EF}	U_{AB}	U_{BC}	U_{CD}	I_1	I_2	I_3
测量值										

5. 分析与讨论

① 根据表 2.3 中的测量数据证明节点 A 处满足 $\sum I = 0$。

② 根据表 2.3 中的测量数据分别证明回路 FADEF、ABCDA 满足 $\sum U = 0$。

注意：应先列出方程，再代入表中测量数据计算。

理论夯实场

一、填空题

1. 电源和负载的本质区别是：电源是把_____能转换成_____能的设备，负载是把_____能转换成_____能的设备。

2. 任何一个完整的电路必须包含_____、_____和_____三个基本组成部分。

3. 常见的无源电路元件有_____、_____和_____；常见的有源电路元件是_____和_____。

4. 电流的单位是_____，电压的单位是_____，电能的单位是_____，功率的单位是_____。

5. 电阻是耗能元件，它在电路中的主要作用是_____和_____。

6. 如图 2.35 所示电路中，支路有_____条，节点有_____个，网孔有_____个。

7. 如图 2.36 所示电路中，支路有_____条，节点有_____个，网孔有_____个。

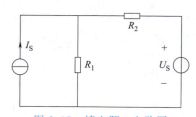

图 2.35　填空题 6 电路图

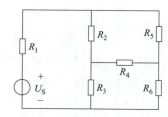

图 2.36　填空题 7 电路图

8. 基尔霍夫电流定律：在电路中，任何时刻，对任一节点，所有支路电流的代数和恒等于_____。

9. 基尔霍夫电压定律：在电路中，任何时刻，沿任一回路，所有支路电压的代数和恒等于_____。

二、简述题

1. 两个数值不同的电压源能否并联"合成"为一个向外电路供电的电压源？两个数值不同的电流源能否串联"合成"为一个向外电路供电的电流源？为什么？

2. 功率大的用电器，其电功是不是也大？为什么？

3. 基尔霍夫电流定律的适用范围是什么？是否只对电路节点成立？

4. 实际中测量电阻，能否在线测量？能否带电测量？

三、计算题

1. 如图 2.37 所示，试求图 2.37（a）中电流 I、I_1 的值，试求图 2.37（b）中电流 I、I_2 的值。

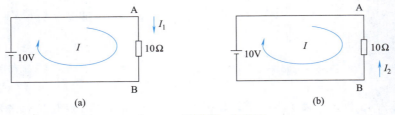

图 2.37　计算题 1 电路图

2. 如图 2.38 所示，试求图 2.38（a）中电压 U_{AB}、U_1 的值，试求图 2.38（b）中电压 U_{AB}、U_2 的值。

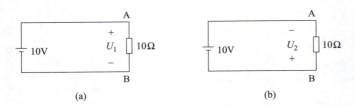

图 2.38　计算题 2 电路图

3. 如图 2.39 所示，已知 $U = 200V$，$I = -1A$。图 2.39（a）～（d）中的功率分别是多少？判断哪个是电源，哪个是负载？

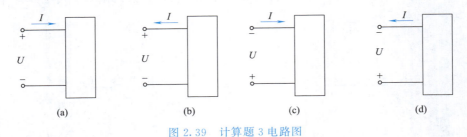

图 2.39　计算题 3 电路图

4. 计算图 2.40 所示电路在开关 S 断开和闭合时点 A 的电位 V_A。

5. 计算图 2.41 中点 A 的电位 V_A。

6. 如图 2.42 所示，$U_S = 10V$，接上 R_L 后，试求以下几种情况恒压源对外的输出的电流。

（1）当 $R_L = 1k\Omega$ 时，$U = ?$　$I = ?$

（2）当 $R_L = 10k\Omega$ 时，$U = ?$　$I = ?$

（3）当 $R_L = 0\Omega$ 时，$U = ?$　$I = ?$

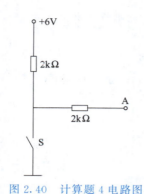

图 2.40　计算题 4 电路图

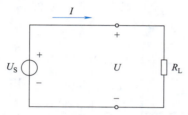

图 2.41　计算题 5 电路图

7. 如图 2.43 所示，设 $I_S = 10\text{A}$，接上 R_L 后，试求以下几种情况恒流源对外输出的电压。

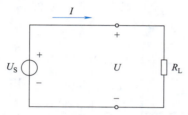

图 2.42　计算题 6 电路图

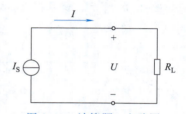

图 2.43　计算题 7 电路图

（1）当 $R_L = 1\Omega$ 时，$I = ?$ $U = ?$

（2）当 $R_L = 10\Omega$ 时，$I = ?$ $U = ?$

（3）当 $R_L = 0\Omega$ 时，$I = ?$ $U = ?$

8. 如图 2.44 所示电路，已知 $I_1 = 10\text{A}$，$I_6 = 15\text{A}$，求 I_5。

9. 如图 2.45 所示，选取 ABCDA 为回路循行方向，试应用基尔霍夫电压定律列出式子。

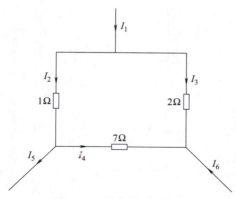

图 2.44　计算题 8 电路图

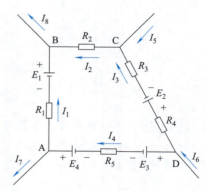

图 2.45　计算题 9 电路图

10. 如图 2.46 所示，求解图中的电压 U 和电流 I。

11. 图 2.47 所示电路中，已知 $U_1 = 2\text{V}$，$U_2 = 1\text{V}$，$I_S = 2\text{A}$，试求 U_3 的值。

12. 图 2.48 所示电路中，已知电流 $I=10\text{mA}$，$I_1=6\text{mA}$，$R_1=3\text{k}\Omega$，$R_2=1\text{k}\Omega$，$R_3=2\text{k}\Omega$。求电流表 A_4 和 A_5 的读数？

13. 图 2.49 所示电路中，求流过 6V 电源、12V 电源以及 2Ω 电阻中的电流分别为多少？

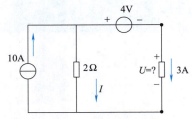

图 2.46　计算题 10 电路图

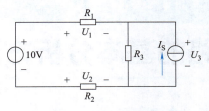

图 2.47　计算题 11 电路图

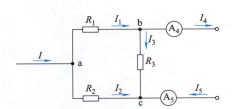

图 2.48　计算题 12 电路图

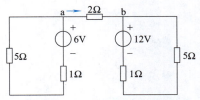

图 2.49　计算题 13 电路图

电路的基本分析方法

教学内容（思维导图）

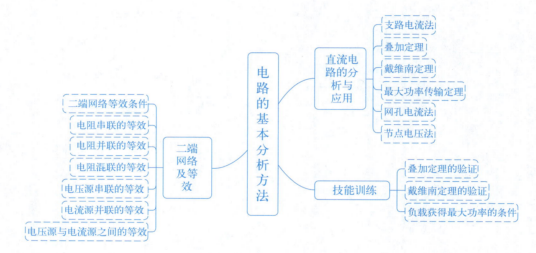

教学目标

知识目标

1. 掌握电阻串并联的等效，理解实际电源的两种等效模型及其转换条件。

2. 明确各分析方法的适用条件与核心思想

支路电流法：基于 KCL/KVL 直接求解所有支路电流。

叠加定理：线性系统中独立源单独作用的叠加。

戴维南定理：任意线性含源二端网络等效为电压源串联电阻。

最大功率传输定理：负载电阻等于内阻时功率最大。

网孔电流法：以网孔电流为变量减少方程数量。

节点电压法：以节点电压为变量简化电路分析。

能力目标

1. 等效化简与电路简化。

① 能对复杂二端网络进行等效变换。

② 能利用戴维南定理将复杂电路简化为单回路分析模型。

2. 多方法灵活应用。根据电路特点选择最优分析方法：

支路数少 → 支路电流法。

多电源网络 → 叠加定理。

支路多，网孔少 → 网孔电流法。

支路多，节点少 → 节点电压法。

3. 搭建实验电路，使用万用表测量电路参数，分析实验数据，验证理论计算结果。

素质目标

1. 工程思维与创新意识。

① 通过等效变换训练培养"化繁为简"的工程思维。

② 从最大功率传输问题的分析中理解理论与实际设计的平衡（效率、功率）。

2. 系统分析与决策能力。

① 对比不同方法的计算效率与复杂度（如节点法、网孔法），培养最优策略选择能力。

② 通过团队协作完成复杂电路分析任务，明确分工与责任。

模块 1 二端网络及等效

知识 1 二端网络基本概念

若一个电路只有两个端钮与外部相连，则该电路称为二端网络，如图 3.1 所示。网络内部含有电源时，就叫有（含）源二端网络；网络内部不含电源时，叫无源二端网络。二端网络的端钮电流、端钮间电压分别叫做端口电流、端口电压，图 3.1 中所标端口电流 i、端口电压 u 的参考方向与二端网络为关联参考方向。

若一个二端网络的端口电压与端口电流的关系和另一个二端网络的端口电压与端口电流的关系相同，则两个二端网络对同一负载（或外电路）而言是等效的，即互为等效网络。同样，两个 n 端网络对应的各端口电压与端口电流的关系相同，则它们是等效的。在电路分析中，可以用一个结构简单的等效网络代替较复杂的网络，简化电路分析。

图 3.1 二端网络

一个无源二端网络的等效网络是一个电阻，该电阻叫无源网络的等效电阻，其阻值等于关联参考方向下，二端网络的端口电压与端口电流之比。

知识 2 线性网络等效变换

1. 电阻的等效

（1）电阻的串联

如图 3.2（a）所示的电路中，若干电阻依次相连，没有分支电路，这种连接方式叫做电阻的串联。

串联电阻电路具有以下特点。

① 通过各电阻的电流相同，即

$$I = I_1 = I_2 = \cdots = I_n (I_n \text{ 表示第 } n \text{ 个电阻中流过的电流})$$ （3-1）

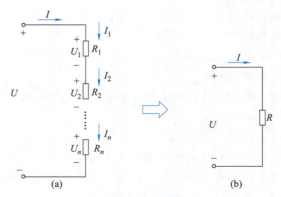

图 3.2　电阻的串联

② 串联电阻电路两端的总电压 U 等于各串联电阻电压的代数和，即

$$U = \sum_{i=1}^{n} U_i \tag{3-2}$$

③ 串联电阻电路的总电阻（等效电阻）等于各串联电阻阻值的代数和。因为

$$U = \sum_{i=1}^{n} U_i = U_1 + U_2 + \cdots + U_n$$

即

$$IR = I_1 R_1 + I_2 R_2 + \cdots + I_n R_n$$

利用式（3-1）可得

$$R = R_1 + R_2 + \cdots + R_n = \sum_{i=1}^{n} R_i \tag{3-3}$$

如图 3.2（b）所示，n 个电阻串联可等效为一个电阻 R。

④ 串联电阻电路中，串联电阻电压与它们各自的电阻成正比，即

$$U_1 = I_1 R_1 = IR_1$$
$$U_2 = I_2 R_2 = IR_2$$
$$\cdots$$
$$U_n = I_n R_n = IR_n$$

或

$$U_1 : U_2 : \cdots : U_n = R_1 : R_2 : \cdots : R_n \tag{3-4}$$

串联电阻电路的这一特性称为串联电阻电路的分压特性。

接下来我们对两个电阻的串联的分压特性进行分析，两个电阻的串联如图 3.3 所示。

如图 3.3 所示，两个电阻的串联时：

电阻 R_1 两端的电压 U_1 为

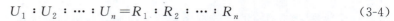

图 3.3　两个电阻的串联

$$U_1 = \frac{R_1}{R_1 + R_2} U$$

电阻 R_2 两端的电压 U_2 为

$$U_2 = \frac{R_2}{R_1 + R_2} U$$

⑤ 串联电阻电路消耗的总功率 P 等于串联电阻消耗的功率的代数和。因为

$$P=I^2R=I^2(R_1+R_2+\cdots+R_n)=I_1^2R_1+I_2^2R_2+\cdots+R_n^2R_n$$

所以

$$P=P_1+P_2+\cdots+P_n=\sum_{i=1}^{n}P_i \tag{3-5}$$

（2）电阻的并联

如图 3.4（a）所示电路中，若干电阻并列连接在电路两点之间，这种连接方式叫做电阻的并联。

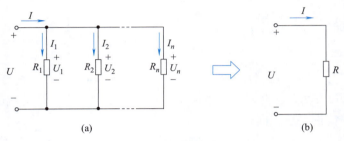

图 3.4　电阻的并联

并联电阻电路具有以下特点：

① 并联电阻电路中，各并联电阻的端电压相同，即

$$U=U_1=U_2=\cdots=U_n(U_n\ 表示第\ n\ 个电阻的端电压) \tag{3-6}$$

② 由 KCL 可知，流过并联电阻电路的总电流 I 等于各支路电流的代数和，即

$$I=\sum_{i=1}^{n}I_i \tag{3-7}$$

③ 电阻并联电路的等效电阻。

因为

$$I=\sum_{i=1}^{n}I_i=I_1+I_2+\cdots+I_n$$

即

$$\frac{U}{R}=\frac{U_1}{R_1}+\frac{U_2}{R_2}+\cdots+\frac{U_n}{R_n}$$

利用式（3-6），可得

$$\frac{1}{R}=\frac{1}{R_1}+\frac{1}{R_2}+\cdots+\frac{1}{R_n}=\sum_{i=1}^{n}\frac{1}{R_i} \tag{3-8}$$

式（3-8）说明，几个并联的电阻可以用一个等效电阻来替代，如图 3.4（b）所示，并联电阻电路的等效电阻的倒数等于各并联电阻的倒数之和。

电导的并联如图 3.5 所示。由于电阻的倒数称为电导，所以也可以用电导来表示电阻的并联，其表达式为

$$G=G_1+G_2+\cdots+G_n \tag{3-9}$$

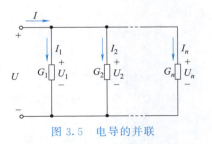

图 3.5　电导的并联

④ 在并联电阻电路中，流过 n 个并联电阻的电流与它们各自的阻值成反比，即

$$I_1 = \frac{U_1}{R_1} = \frac{U}{R_1}$$

$$I_2 = \frac{U_2}{R_2} = \frac{U}{R_2}$$

$$\cdots$$

$$I_n = \frac{U_n}{R_n} = \frac{U}{R_2}$$

所以

$$I_1 : I_2 : \cdots : I_n = \frac{1}{R_1} : \frac{1}{R_2} : \cdots : \frac{1}{R_n} \qquad (3\text{-}10)$$

或

$$I_1 : I_2 : \cdots : I_n = G_1 : G_2 : \cdots : G_n \qquad (3\text{-}11)$$

由式（3-11）可知，在并联电阻电路中，流过 n 个并联电阻的电流的比例关系与它们各自的电导的比例关系相同。

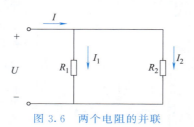

图 3.6　两个电阻的并联

并联电阻电路的这一特性称为并联电阻电路的分流特性。

如图 3.6 所示，两个电阻并联时：

$$I_1 = \frac{R_2}{R_1 + R_2} I$$

$$I_2 = \frac{R_1}{R_1 + R_2} I \qquad (3\text{-}12)$$

【例 3.1】　如图 3.7 所示电路中，$I = 6\text{mA}$，$R_1 = 4\Omega$，$R_2 = 8\Omega$，试求 I_1、I_2 的值。

解：根据并联分流公式可知

$$I_1 = \frac{R_2}{R_1 + R_2} I = \frac{8}{4+8} \times 6\text{mA} = 4\text{mA}$$

$$I_2 = -\frac{R_1}{R_1 + R_2} I = -\frac{4}{4+8} \times 6\text{mA} = -2\text{mA}$$

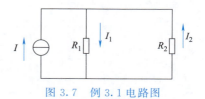

图 3.7　例 3.1 电路图

得 $I_1 = 4\text{mA}$、$I_2 = -2\text{mA}$。

⑤ 并联电阻电路消耗的总功率 P 等于各并联电阻消耗的功率的代数和。因为

$$P = \frac{U^2}{R} = \frac{U^2}{R_1} + \frac{U^2}{R_2} + \cdots + \frac{U^2}{R_n} = \frac{U_1^2}{R} + \frac{U_2^2}{R_2} + \cdots + \frac{U_3^2}{R_n}$$

所以

$$P = P_1 + P_2 + \cdots + P_n = \sum_{i=1}^{n} P_i \qquad (3\text{-}13)$$

（3）电阻的混联

在电阻电路中，既有电阻的串联又有电阻的并联，称为电阻混联。对混联电路的分析和计算大体上可分为以下几个步骤：

① 先整理清楚电路中电阻的串联和并联关系，必要时重新画出串联和并联关系明

确的电路图。

② 利用串联和并联等效电阻公式计算出电路中总的等效电阻。

③ 利用已知条件进行计算，确定电路的总电压与总电流。

④ 根据电阻的分压特性和分流特性，逐步计算出各支路的电流和电压。

【例 3.2】 如图 3.8 所示电路中，$U_S = 36V$，$R_1 = 8\Omega$，$R_2 = 8\Omega$，$R_3 = 4\Omega$，$R_4 = 4\Omega$，试求：

① 电路总的等效电阻 R_{AB} 与总电流 I 的值。

② 通过 R_3 的电流 I_3。

解： ① R_3 与 R_4 串联后，与 R_2 并联，然后再与 R_1 串联，A、B 两端等效电阻为

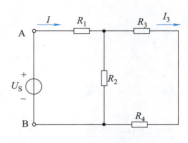

图 3.8　例 3.2 电路图

$$R_{AB} = [(R_3 + R_4)//R_2] + R_1$$
$$= [(4\Omega + 4\Omega)//8\Omega] + 8\Omega$$
$$= 4\Omega + 8\Omega = 12\Omega$$

$$I = \frac{U_S}{R_{AB}} = \frac{36V}{12\Omega} = 3A$$

②
$$I_3 = \frac{R_2}{R_2 + R_3 + R_4} I = \frac{8}{8 + 4 + 4} \times 3A = 1.5A$$

可得① $R_{AB} = 12\Omega$，$I = 3A$。② $I_3 = 1.5A$。

2. 电源等效变换

（1）电源的串联和并联

当 n 个电压源串联时，可以用一个电压源等效替代。这个等效的电压源如图 3.9（a）所示。

$$u_S = u_{S1} + u_{S2} + \cdots + u_{Sn} = \sum_{k=1}^{n} u_{Sk}$$

当 n 个电流源并联时，则可以用一个电流源等效替代。这个等效电流源如图 3.9（b）所示。

$$i_S = i_{S1} + i_{S2} + \cdots + i_{Sn} = \sum_{k=1}^{n} i_{Sk}$$

只有电压相等的电压源才允许并联；只有电流相等的电流源才允许串联。

电压源与
电流源

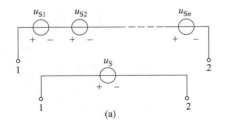
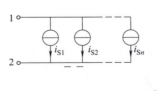
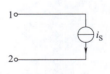

图 3.9　电源的串并联

（2）电压源与电流源等效变换

在电路分析中，电压源模型和电流源模型可以进行等效变换。依据等效网络概念，这两种实际电源模型等效变换时，其端口电压与端口电流的对应关系是相同的。

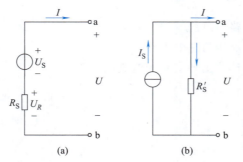

图 3.10　实际电源模型间的等效变换

实际电源模型间的等效变换如图 3.10 所示。

图 3.10（a）实际电压源模型端口电压与端口电流的关系为

$$U=U_S+U_R=U_S-IR_S \qquad (3\text{-}14)$$

图 3.10（b）实际电流源模型端口电压与端口电流的关系为

$$U=I_S R'_S - I R'_S \qquad (3\text{-}15)$$

比较式（3-14）和式（3-15）可以发现，当式（3-14）和式（3-15）完全相同时，说明两种实际电源模型等效。式（3-16）称为实际电压源模型和实际电流源模型等效变换条件。

$$U_S=I_S R'_S$$
$$R_S=R'_S \qquad (3\text{-}16)$$

【例 3.3】　如图 3.11（a）所示，$U_S=12V$，$R_S=3\Omega$，试将 3.11（a）实际电压源模型变换为电流源模型；如图 3.11（b）所示，$I_S=2A$，$R'_S=8\Omega$，将图 3.11（b）中的实际电流源模型变换为电压源模型。

解：① 将实际电压源模型变换为电流源模型

$$I_S=\frac{U_S}{R_S}=\frac{12}{3}=4\,(A)$$

$$R'_S=R_S=3\,(\Omega)$$

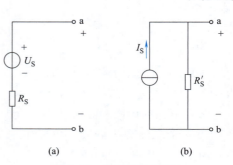

图 3.11　例 3.3 电路图

电流源的参考方向与原实际电压源参考负极到参考正极的方向一致，如图 3.12 所示。

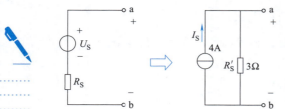

图 3.12　例 3.3①转换电路图

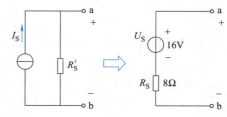

图 3.13　例 3.3②转换电路图

② 将实际电流源变换为电压源模型

$$U_S=I_S R'_S=2\times 8=16\,(V)$$

$$R_S=R'_S=8\,(\Omega)$$

电压源参考负极到参考正极的方向与原电流源的参考方向一致，如图 3.13 所示。

注意：两种实际电源模型等效变换时，应注意以下几个问题：

① 电压源从参考负极到参考正极的方向与电流源的参考方向在变换前后应保持

一致。

② 两种实际电源模型等效变换是外部等效，即对外部电路各部分的计算是等效的，但对电源内部的计算是不等效的。

③ 理想电压源和理想电流源不能进行等效变换。

④ 利用对两种实际电源模型的等效变换可以简化电路分析。

【例3.4】 图3.14 (a) 所示电路中，已知 $U_{S1}=36V$，$U_{S2}=24V$，$R_1=8\Omega$，$R_2=4\Omega$，$R_3=8\Omega$，$R_4=4\Omega$，试求电路 I_3。

解： 首先将电压源 U_{S1} 和 U_{S2} 变换为电流源模型，如图3.14 (b) 所示。

$$I_{S1}=\frac{U_{S1}}{R_1}=\frac{36}{8}=4.5\,(A)$$

$$R'_{i1}=R_1=8\,(\Omega)$$

$$I_{S2}=\frac{U_{S2}}{R_2+R_4}=\frac{24}{4+4}=3\,(A)$$

$$R'_{i2}=R_2+R_4=8\,(\Omega)$$

化简电路，如图3.14 (c) 所示。

$$I_S=I_{S1}+I_{S2}=4.5+3=7.5\,(A)$$

$$R'_i=\frac{R'_{i1}R'_{i2}}{R'_{i1}+R'_{i2}}=\frac{8\times8}{8+8}=4\,(\Omega)$$

再将电流源 I_S 变换为电压源模型，如图3.14 (d) 所示。

$$U_S=I_SR'_i=7.5\times4=30\,(V)$$

$$R_i=R'_i=4\,(\Omega)$$

由欧姆定律可求得

$$I_3=\frac{U_S}{R_i+R_3}=\frac{30}{4+8}=2.5\,(A)$$

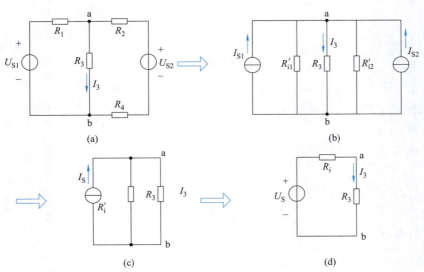

图3.14 例3.4电路图

模块 2　直流电路的分析与应用

支路电流法

知识 1　支路电流法

1. 方法概述

以各支路电流为未知量，应用基尔霍夫定律列出节点电流方程和回路（网孔）电压方程，解出各支路电流，从而确定各支路（或各元件）的电压及功率，这种解决电路问题的方法称为支路电流法。对于具有 b 条支路、n 个节点的电路，可列出 $n-1$ 个独立的节点电流方程和 $b-(n-1)$ 个独立的回路电压方程。

对于 b 条支路、n 个节点的电路，使用支路电流法分析的步骤如下：

① 在图中标出各支路电流的参考方向，对选定的回路标出绕行方向。

② 应用 KCL 对节点列出 $n-1$ 个独立的节点电流方程，n 为节点数。

③ 应用 KVL 对回路列出 $b-(n-1)$ 个独立的回路电压方程（通常可取网孔列出），b 是支路数。

④ 联立求解 b 个方程，求出各支路电流。

此方法适用于支路数较少的电路（如 3～5 条支路），方程数量可控，适合手工计算。

2. 举例

【例 3.5】　如图 3.15 所示，已知 $U_{S1}=10\text{V}$，$U_{S2}=6\text{V}$，$R_1=1\Omega$，$R_2=3\Omega$，$R=6\Omega$。求图中所示的电路中 R 支路的电流 I。

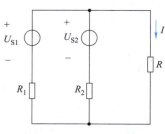

图 3.15　例 3.5 电路图

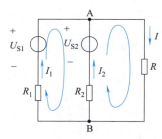

图 3.16　标注电路图

解： 该电路支路数 $b=3$（支路电流为 I_1、I_2、I），节点数 $n=2$（A、B），在图 3.16 中已标出。要求直流电流 I，应列出 1 个节点电流方程和 2 个网孔电压方程（网孔绕行方向图 3.16 已标出）。

对节点 A 列 KCL 方程

$$I_1+I_2=I \qquad\qquad ①$$

对左边的网孔列 KVL 方程

$$U_{S2}-R_2I_2+R_1I_1-U_{S1}=0$$

代入数据得

$$6-3I_2+I_1-10=0 \qquad\qquad ②$$

对右边得网孔列 KVL 方程

$$RI + R_2I_2 - U_{S2} = 0$$

代入数据得

$$6I + 3I_2 - 6 = 0 \qquad \text{③}$$

联立①②③解方程得

$$I = \frac{4}{3} \text{A}$$

$$I_1 = 2 \text{A}$$

$$I_2 = -\frac{2}{3} \text{A}$$

知识 2　叠加定理

1. 方法概述

叠加定理是关于线性电路的基本定理，它体现了线性电路的一个基本性质——叠加性。叠加定理的内容是：当线性电路中有多个电源同时作用时，各支路的电流或电压等于各个电源单独作用时在该支路产生的电流或电压的代数和（叠加）。

所谓电源单独作用，是指电路中某一个电源作用，而其他电源不作用。如果电压源不作用，相当于短路；如果电流源不作用，相当于开路。

应用叠加定理可以将一个复杂的电路分成几个简单的电路来研究，然后将这些简单电路的计算结果综合起来，便可求得原复杂电路中的电流和电压。

2. 举例

下面举例说明应用叠加定理求解电路的过程。

【例 3.6】　试用叠加定理求图 3.17（a）所示电路中的电压 U 和电流 I。

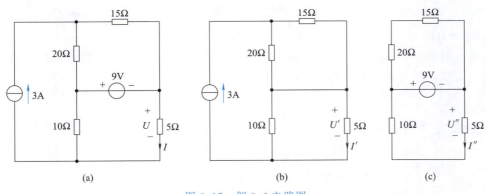

(a)　　　　　　　　　　(b)　　　　　　　　　　(c)

图 3.17　例 3.6 电路图

解：先画出两个电源分别作用时的电路，如图 3.17（b）、（c）所示。

① 当 3A 电流源单独作用时，将 9V 电压源置零后用短路代替，电路如图 3.17（b）所示。

$$I' = \frac{10}{10 + 5} \times 3 = 2 \text{ (A)}, \quad U' = 5I' = 5 \times 2 = 10 \text{ (V)}$$

② 当 9V 电压源单独作用时，将 3A 的电流源置零后用开路代替，电路如图 3.17（c）所示。

$$I''=-\frac{9}{10+5}=-0.6\ (A)$$

$$U''=5I''=5\times(-0.6)=-3\ (V)$$

③ 3A 的电流源和 9V 的电压源共同作用时进行叠加，求出 U 和 I。

$$U=U'+U''=10+(-3)=7\ (V)$$

$$I=I'+I''=2+(-0.6)=1.4\ (A)$$

注意：应用叠加定理分析计算电路时，应注意以下几点：

① 叠加定理只适用于多电源的线性电路，不适用于非线性电路。

② 对于线性电路，叠加定理只能用来计算电路中的电流和电压，功率不能叠加。

③ 在合成各电源单独作用时产生的电压或电流时，要注意总量与分量参考方向之间的关系。当分量参考方向与总量参考方向一致时，该分量取正值；反之，该分量取负值。

戴维南定理

知识 3 戴维南定理

1. 内容概述

在电路分析中，当只研究某一支路时，电路的其余部分就成为一个二端网络。19世纪，法国电信工程师戴维南通过大量实验研究了复杂电路的等效化简问题，提出：一个线性有源二端网络可以用一个理想电压源与一个电阻串联（即实际电压源模型）来等效代替；其中，理想电压源的电压等于线性有源二端网络两端点间的开路电压 U_{OC}，串联电阻等于该网络中所有电源都不起作用（电压源短路，电流源开路）时两端点间的等效电阻 R_O。

2. 举例

【例 3.7】 如图 3.18（a）所示桥式电流中，已知 $U_S=8V$，$R_1=3\Omega$，$R_2=5\Omega$，$R_3=R_4=4\Omega$，$R_5=0.125\Omega$，试求电阻 R_5 中的电流 I_5。

解：① 将图 3.18（a）中原电路变换为图 3.18（b）的形式，然后求 a 与 b 两端的开路电压 U_{OC}。当 a 与 b 两端开路时，有

$$I_1=I_2=\frac{U_S}{R_1+R_2}=\frac{8V}{3\Omega+5\Omega}=1A$$

$$I_3=I_4=\frac{U_S}{R_3+R_4}=\frac{8V}{4\Omega+4\Omega}=1A$$

$$U_{ab}=R_2I_2-R_4I_4=5V-4V=1V=U_{OC}$$

② 将 a 与 b 两端开路，使所有电压源短路、电流源开路，如图 3.18（c）所示，求等效电阻 R_O。

由图 3.18（c）可知

$$R_{ab}=(R_1//R_2)+(R_3//R_4)=1.875\Omega+2\Omega=3.875\Omega=R_O$$

③ 画出戴维南等效电路，如图 3.18（d）所示。

$$I_5=\frac{U_{OC}}{R_O+R_5}=\frac{1}{3.875+0.125}=0.25\ (A)$$

注意：应用戴维南定理时，应注意以下几点：

① 戴维南定理只适用于线性有源二端网络，若有源二端网络内含有非线性电阻，

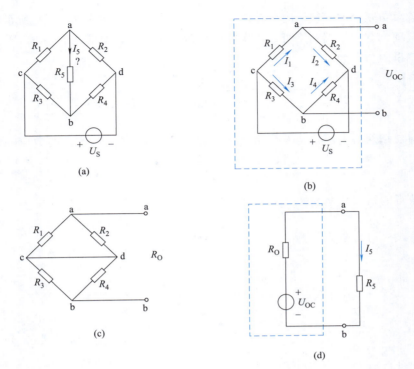

图 3.18 例 3.7 电路图

则不能应用戴维南定理。

② 在画等效电路时，等效电压源的参考方向应与选定的有源二端网络开路电压的参考方向一致。

③ 戴维南等效电路参数还可以通过实验测定（图 3.19）。线性有源二端网络的开路电压 U_{OC} 可以用电压表直接测得。用电流表测出短路电流 I_{SC}，计算得到等效电阻 R_O。

最大功率
传输定理

$$R_O = \frac{U_{OC}}{I_{SC}} \tag{3-17}$$

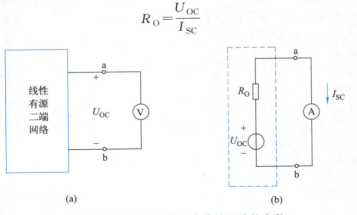

图 3.19 实验测定戴维南等效电路的参数

知识 4 最大功率传输定理

1. 内容概述

在测量、电子和信息等系统中，常会遇到负载如何从电源获得最大功率的问题。负载要获得最大功率，就必须同时获得较大的电压和电流。如图 3.20（a）所示电路，根据戴维南定理，有源二端网络可以用实际电压源模型替代，如图 3.20（b）所示。

负载获得的功率为

$$P_{L}=I^2 R_{L}=\frac{U_{OC}^2}{(R_{O}+R_{L})^2}R_{L}=\frac{U_{OC}^2 R_{L}}{(R_{O}-R_{L})^2+4R_{O}R_{L}}=\frac{U_{OC}^2}{\dfrac{(R_{O}-R_{L})^2}{R_{L}}+4R_{O}}$$

在有源二端网络内部结构及参数一定的条件下，即 U_{OC} 与 R_{O} 的数值一定时，要使 P_{L} 最大，则

$$R_{L}=R_{O} \tag{3-18}$$

此时负载获得的最大功率为

$$P_{ML}=\frac{U_{OC}^2}{4R_{O}} \tag{3-19}$$

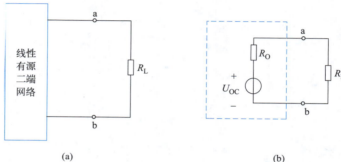

图 3.20　最大功率传输定理电路

负载获得最大功率的条件称为最大功率传输定理。

在工程上，定义满足最大功率传输的条件为阻抗匹配。实际电路中，需要阻抗匹配的例子很多，如音响系统中，要求功率放大器与音箱扬声器满足阻抗匹配；电视信号接收系统中，要求接收端子与输入同轴电缆间满足 75Ω 阻抗匹配。在负载阻抗与内阻不等的情况下，为了实现阻抗匹配，往往在负载与电源（信号源）之间接入阻抗变换器。常用的阻抗变换器有变压器、射极输出器等。

2. 举例

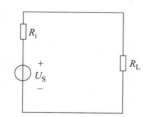

图 3.21　例 3.8 电路图

【例 3.8】　图 3.21 所示电路中，已知 $U_{S}=24V$，$R_{i}=3Ω$，试求 R_{L} 分别为 1Ω、3Ω、9Ω 时，负载获得的功率及电源效率。

解：① 当 $R_{L}=1Ω$ 时

$$I=\frac{U_{S}}{R_{i}+R_{L}}=\frac{24}{3+1}=6 \text{（A）}$$

$$P_{L}=I^2 R_{L}=6^2\times1=36 \text{（W）}$$

$$P_{US}=-I U_{S}=-6\times24=-144 \text{（W）}$$

$$\eta=\left|\frac{P_{L}}{P_{US}}\right|=\left|\frac{36}{-144}\right|=25\%$$

② 当 $R_{L}=3Ω$ 时

$$I = \frac{U_S}{R_i + R_L} = \frac{24}{3+3} = 4 \text{ (A)}$$

$$P_L = I^2 R_L = 4^2 \times 3 = 48 \text{ (W)}$$

$$P_{US} = -IU_S = -4 \times 24 = -96 \text{ (W)}$$

$$\eta = \left| \frac{P_L}{P_{US}} \right| = \left| \frac{48}{-96} \right| = 50\%$$

③ 当 $R_L = 9\Omega$ 时

$$I = \frac{U_S}{R_i + R_L} = \frac{24}{3+9} = 2 \text{ (A)}$$

$$P_L = I^2 R_L = 2^2 \times 9 = 36 \text{ (W)}$$

$$P_{US} = -IU_S = -2 \times 24 = -48 \text{ (W)}$$

$$\eta = \left| \frac{P_L}{P_{US}} \right| = \left| \frac{36}{-48} \right| = 75\%$$

【例 3.8】 进一步验证了最大功率传输条件。比较以上三种情况还可以发现，当负载获得最大功率时，电源的效率并不是最大，只有 50%。也就是说电源产生的功率有一半在电源内部消耗掉了。电力系统要尽可能地提高电源效率，以便充分利用能源，因而不要求阻抗匹配。在电子技术上，往往注重的是如何将微弱信号尽可能地放大，并不注重信号源效率的高低，因此常利用最大功率传输条件使负载与信号源之间实现阻抗匹配。

知识5 网孔电流法

网孔电流法

1. 方法概述

网孔电流法，简称网孔法，是以假想的网孔电流为未知量，应用 KVL 写出网孔电流方程，联立解出网孔电流，各支路电流则为有关网孔电流的代数和。网孔法适用于平面电路。

网孔电流实际上是一种假想的电流，即假想在电路中每一个网孔中都有一个电流。

2. 网孔方程的建立

如图 3.22 所示，假想两个电流 I_{m1}、I_{m2}，把沿着网孔 1 和网孔 2 流动的假想电流 I_{m1} 和 I_{m2} 称为网孔电流。

由于 I_1 所在支路只有 I_{m1} 流过，支路电流仍为 I_1；I_3 所在支路只有电流 I_{m2} 流过，支路电流仍为 I_3；I_2 所在支路有两个网孔电流通过，支路电流应为 I_{m1} 和 I_{m2} 的代数和。那么支路电流和网孔电流的关系为

$$I_1 = I_{m1}$$
$$I_2 = I_{m1} - I_{m2}$$
$$I_3 = I_{m2}$$

仍以图 3.22 所示电路为例，对网孔 1、2 列出 KVL 方程（规定绕行回路的方向与网孔电流的方向一致）有

$$R_1 I_1 + R_2 I_2 + U_{S2} - U_{S1} = 0$$
$$-R_2 I_2 + R_3 I_3 + U_{S3} - U_{S2} = 0$$

把 $I_1 = I_{m1}$、$I_2 = I_{m1} - I_{m2}$、$I_3 = I_{m2}$ 代入上式得

$$R_1 I_{m1} + R_2 (I_{m1} - I_{m2}) = U_{S1} - U_{S2}$$

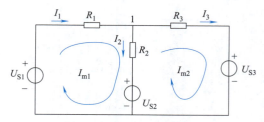

图 3.22 网孔方程的建立

$$-R_2(I_{m1}-I_{m2})+R_3I_{m2}=U_{S2}-U_{S3}$$

经整理后有

$$(R_1+R_2)I_{m1}-R_2I_{m2}=U_{S1}-U_{S2}$$
$$-R_2I_{m1}+(R_2+R_3)I_{m2}=U_{S2}-U_{S3}$$

以上以网孔电流为未知量的方程称为网孔电流方程。

网孔电流方程可写出一般形式

$$\left.\begin{array}{l}R_{11}I_{m1}+R_{12}I_{m2}=U_{S11}\\R_{21}I_{m1}+R_{22}I_{m2}=U_{S22}\end{array}\right\} \tag{3-20}$$

式中，R_{11} 和 R_{22} 分别代表网孔 1 和网孔 2 的自阻，它们分别为网孔 1 和网孔 2 中所有电阻之和，$R_{11}=R_1+R_2$，$R_{22}=R_2+R_3$；R_{12} 和 R_{21} 分别代表网孔 1 和网孔 2 的互阻，$R_{12}=R_{21}=-R_2$，是网孔 1 和网孔 2 的公共电阻。

由于网孔绕行方向一般选择与网孔电流的参考方向一致，所以自阻总是正的。当通过网孔 1、2 的公共电阻的两个网孔电流的参考方向一致时，互阻取正，相反时互阻取负。U_{S11} 和 U_{S22} 分别是网孔 1 和网孔 2 电压源电压的代数和，当电压源电压的参考方向与网孔电流的参考一致时，前面取"－"号，否则取"＋"号。

对具有 3 个网孔的电路，网孔电流方程的一般形式可由式（3-20）推广而得，即

$$\left.\begin{array}{l}R_{11}I_{m1}+R_{12}I_{m2}+R_{13}I_{m3}=U_{S11}\\R_{21}I_{m1}+R_{22}I_{m2}+R_{23}I_{m3}=U_{S22}\\R_{31}I_{m1}+R_{32}I_{m2}+R_{33}I_{m3}=U_{S33}\end{array}\right\} \tag{3-21}$$

式（3-21）中有相同下标的电阻 R_{11}、R_{22}、R_{33} 是各网孔的自阻，有不同下标的电阻 R_{12}、R_{13}、R_{23} 等是网孔间的互阻。自阻总是正的；互阻取正还是取负则由相关的 2 个网孔电流通过公共电阻的参考方向是否相同来决定，相同时取正，相反时取负。显然，若两个网孔间没有公共电阻，则相应的互阻为零。

3. 举例

【例 3.9】 在图 3.23 所示的直流电路中，电阻和电压源均已给定，试用网孔法求各支路电流 I_a、I_b、I_c、I_d。

解：本电路共有 3 个网孔。

① 选取网孔电流 I_{m1}、I_{m2}、I_{m3}，如图 3.23 所示。

写出 3 个网孔电路的网孔电流方程的一般形式

$$R_{11}I_{m1}+R_{12}I_{m2}+R_{13}I_{m3}=U_{S11}$$
$$R_{21}I_{m1}+R_{22}I_{m2}+R_{23}I_{m3}=U_{S22}$$
$$R_{31}I_{m1}+R_{32}I_{m2}+R_{33}I_{m3}=U_{S33}$$

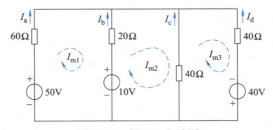

图 3.23 例 3.9 电路图

② 列网孔电流方程。因为

$$R_{11}=60+20=80（\Omega） \qquad R_{22}=20+40=60（\Omega）$$
$$R_{33}=40+40=80（\Omega） \qquad R_{12}=R_{21}=-20\Omega$$
$$R_{13}=R_{31}=0 \qquad R_{23}=R_{32}=-40\Omega$$
$$U_{S11}=50-10=40（V） \qquad U_{S22}=10V \qquad U_{S33}=40V$$

故网孔电流方程为

$$80I_{m1}-20I_{m2}=40$$
$$-20I_{m1}+60I_{m2}-40I_{m3}=10$$
$$-40I_{m2}+80I_{m3}=40$$

③ 用消元法或行列式法解得

$$I_{m1}=0.786A \qquad I_{m2}=1.143A \qquad I_{m3}=1.071A$$

④ 指定各支路电流，得

$$I_a=I_{m1}=0.786A \qquad I_b=-I_{m1}+I_{m2}=0.357A$$
$$-I_c=I_{m2}-I_{m3}=0.072A \qquad I_d=-I_{m3}=-1.071A$$

⑤ 校验。取一个未用过的回路，如外网孔（由电阻 60Ω、40Ω 及电压源 50V、40V 构成），回路绕行方向为顺时针方向，按 KVL 有

$$60I_a-40I_d=50+40$$

把 I_a、I_d 值代入，得 90＝90，故答案正确。

知识 6　节点电压法

1. 节点电压的概念

任意选择电路中某一节点为参考节点，其他节点与此参考节点之间的电压称为节点电压。节点电压的参考极性均以参考节点处为负。节点电压法一般以节点电压为电路的独立变量。电路中任一支路与 2 个节点相连接，根据 KVL，不难断定任何支路电压等于有关的 2 个节点电压之差。例如，对于图 3.24 所示电路，以节点 0 为参考节点，并令节点 1、2 的节点电压分别用 U_{10}、U_{20} 表示。

2. 节点方程建立和求解步骤

应用基尔霍夫电流定律建立节点的电流方程，然后用节点电压去表示支路电流，最后求解节点电压。具体步骤如下：

① 选择参考节点，设独立节点，选定参考节点和各支路电流的参考方向，并对独立节点分别应用基尔霍夫电流定律列出电流方程。

② 根据基尔霍夫电压定律和欧姆定律，建立用节点电压和已知的支路电导表示支

节点电压法

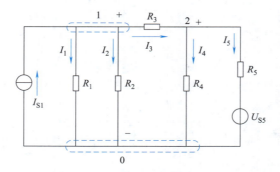

图 3.24　节点方程的建立

路电流的支路方程。

③ 将支路方程和节点方程相结合，消去节点方程中的支路电流变量，代之以节点电位变量，经移项整理后，获得以两节点电位为变量的节点方程。

④ 解方程得节点电位。由节点电位求支路电压，进而求支路电流。

3. 节点方程的建立

如图 3.24 所示，各支路电流的参考方向标在图上，根据 KCL，得

$$I_1 + I_2 + I_3 - I_{S1} = 0$$
$$-I_3 + I_4 + I_5 = 0$$

根据欧姆定律和 KVL，得

$$I_1 = \frac{U_{10}}{R_1} = G_1 U_{10}$$

$$I_2 = G_2 U_{10}$$

$$I_3 = \frac{U_{12}}{R_3} = \frac{U_{10} - U_{20}}{R_3} = G_3 (U_{10} - U_{20})$$

$$I_4 = \frac{U_{20}}{R_4} = G_4 U_{20}$$

$$I_5 = \frac{U_{20} - U_{S5}}{R_5} = \frac{U_{20}}{R_5} - \frac{U_{S5}}{R_5} = G_5 U_{20} - G_5 U_{S5}$$

将支路电流代入节点方程并整理，得

$$(G_1 + G_2 + G_3) U_{10} - G_3 U_{20} = I_{S1}$$
$$-G_3 U_{10} + (G_3 + G_4 + G_5) U_{20} = G_5 U_{S3}$$

写出一般形式

$$\left. \begin{array}{l} G_{11} U_{10} + G_{12} U_{20} = I_{S11} \\ G_{21} U_{10} + G_{22} U_{20} = I_{S22} \end{array} \right\} \tag{3-22}$$

式中

节点 1 的自导　$G_{11} = G_1 + G_2 + G_3$

节点 2 的自导　$G_{22} = G_3 + G_4 + G_5$

节点 1 和节点 2 的互导等于两节点间的公共电导并取负号。

$$G_{12} = G_{21} = -G_3$$

式（3-22）分别表示电流源流入节点 1 和节点 2 的电流。当电流源指向节点时前面

取正号。

对具有 3 个独立节点的电路, 节点方程的一般形式可由式 (3-22) 推广而得, 即

$$\left.\begin{array}{l} G_{11}U_{10}+G_{12}U_{20}+G_{13}U_{30}=I_{S11} \\ G_{21}U_{10}+G_{22}U_{20}+G_{23}U_{30}=I_{S22} \\ G_{31}U_{10}+G_{32}U_{20}+G_{33}U_{30}=I_{S33} \end{array}\right\} \qquad (3\text{-}23)$$

式中, 有相同下标的电导 G_{11}、G_{22}、G_{33} 为各节点的自导; 有不同下标的电导 G_{12}、G_{13}、G_{23} 等为各节点间的互导。自导总是正的, 互导总是负的。显然, 如果 2 个节点之间没有支路直接相联, 则相应的互导为零。

4. 节点电压法使用步骤

① 选定电路中任一节点为参考节点, 用接地符号表示。标出各节点电压, 其参考方向总是独立节点为 "＋", 参考节点为 "－"

② 用观察法列出 $n-1$ 个节点方程。应注意自导总是正的, 互导总是负的。

③ 连接到节点的电流源, 当其电流指向节点时取正, 反之取负。

④ 求解节点方程, 得到各节点电压。

⑤ 选定支路电流和支路电压的参考方向, 计算各支路电流和支路电压。

5. 举例

【例 3.10】 列出图 3.25 所示电路的节点方程。

解: 指定 0 点为参考节点, 并对其余节点编号

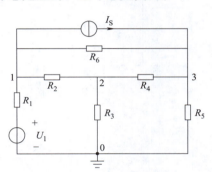

图 3.25 例 3.10 电路图

1、2、3。3 个节点方程的标准形式为

$$G_{11}U_{10}+G_{12}U_{20}+G_{13}U_{30}=I_{S11}$$

$$G_{21}U_{10}+G_{22}U_{20}+G_{23}U_{30}=I_{S22}$$

$$G_{31}U_{10}+G_{32}U_{20}+G_{33}U_{30}=I_{S33}$$

根据图 3.25 可知

$$G_{11}=\frac{1}{R_1}+\frac{1}{R_2}+\frac{1}{R_6}$$

$$G_{12}=G_{21}=-\frac{1}{R_2}$$

$$G_{13}=G_{31}=-\frac{1}{R_6}$$

$$G_{22}=\frac{1}{R_2}+\frac{1}{R_3}+\frac{1}{R_4}$$

$$G_{23}=G_{32}=-\frac{1}{R_4}$$

$$G_{33}=\frac{1}{R_4}+\frac{1}{R_5}+\frac{1}{R_6}$$

把自导和互导代入标准形式可得节点方程为

$$
\begin{cases}
\left(\dfrac{1}{R_1}+\dfrac{1}{R_2}+\dfrac{1}{R_6}\right)U_{10}-\dfrac{1}{R_2}U_{20}-\dfrac{1}{R_6}U_{30}=\dfrac{U_1}{R_1}-I_S \\[2mm]
-\dfrac{1}{R_2}U_{10}+\left(\dfrac{1}{R_2}+\dfrac{1}{R_3}+\dfrac{1}{R_4}\right)U_{20}-\dfrac{1}{R_4}U_{30}=0 \\[2mm]
-\dfrac{1}{R_6}U_{10}-\dfrac{1}{R_4}U_{20}+\left(\dfrac{1}{R_4}+\dfrac{1}{R_5}+\dfrac{1}{R_6}\right)U_{30}=I_S
\end{cases}
$$

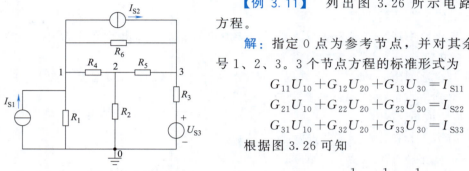

图 3.26　例 3.11 电路图

【例 3.11】　列出图 3.26 所示电路的节点方程。

解： 指定 0 点为参考节点，并对其余节点编号 1、2、3。3 个节点方程的标准形式为

$$G_{11}U_{10}+G_{12}U_{20}+G_{13}U_{30}=I_{S11}$$
$$G_{21}U_{10}+G_{22}U_{20}+G_{23}U_{30}=I_{S22}$$
$$G_{31}U_{10}+G_{32}U_{20}+G_{33}U_{30}=I_{S33}$$

根据图 3.26 可知

$$G_{11}=\frac{1}{R_1}+\frac{1}{R_4}+\frac{1}{R_6}$$

$$G_{12}=G_{21}=-\frac{1}{R_4}$$

$$G_{13}=G_{31}=-\frac{1}{R_6}$$

$$G_{22}=\frac{1}{R_2}+\frac{1}{R_4}+\frac{1}{R_5}$$

$$G_{23}=G_{32}=-\frac{1}{R_5}$$

$$G_{33}=\frac{1}{R_3}+\frac{1}{R_5}+\frac{1}{R_6}$$

把自导和互导代入标准形式可得，节点方程为

$$
\begin{cases}
\left(\dfrac{1}{R_1}+\dfrac{1}{R_4}+\dfrac{1}{R_6}\right)U_{10}-\dfrac{1}{R_4}U_{20}-\dfrac{1}{R_6}U_{30}=I_{S1}-I_{S6} \\[2mm]
-\dfrac{1}{R_4}U_{10}+\left(\dfrac{1}{R_2}+\dfrac{1}{R_4}+\dfrac{1}{R_5}\right)U_{20}-\dfrac{1}{R_6}U_{30}=0 \\[2mm]
-\dfrac{1}{R_6}U_{10}-\dfrac{1}{R_5}U_{20}+\left(\dfrac{1}{R_3}+\dfrac{1}{R_5}+\dfrac{1}{R_6}\right)U_{30}=I_{S6}+\dfrac{U_{S3}}{R_3}
\end{cases}
$$

技能训练 1　叠加定理的验证

1. 训练目的

① 通过图 3.27 所示训练电路 1 验证叠加定理。

② 通过图 3.28 所示训练电路 2 验证叠加定理。

2. 训练电路

如图 3.27、图 3.28 所示。

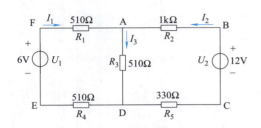

图 3.27　叠加定理训练电路图 1

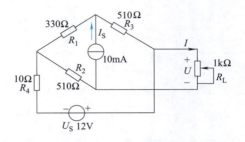

图 3.28　叠加定理训练电路图 2

3. 训练设备

① 训练元器件：电阻（510Ω、1kΩ、330Ω、10Ω 电阻，1kΩ 可变电阻等）、直流电压源（6V、12V）、直流电流源（10mA）、导线若干。

② 训练仪表：数字万用表。

4. 训练内容与步骤

（1）训练内容

在线性电路中，几个电源同时作用时产生的效果等于每个电源单独作用时产生的效果的叠加，称叠加定理。

（2）训练电路 1（图 3.27）的训练步骤

① U_1 单独作用时，分电路图 1 如图 3.29 所示，U_2 看成短路，电路按照图 3.29 接好，在分电路图 1 中测量的数据均填入表 3-1 中的第一行。注意：此时 $U_2' = 0V$，U_2' 就是 U_{BC}。

② U_2 单独作用时，分电路图 2 如图 3.30 所示，U_1 看成短路，电路按照图 3.30 接好，在分电路图 2 中测量的数据均填入表 3-1 中的第二行。注意：此时 $U_1'' = 0V$，U_1'' 就是 U_{FE}。

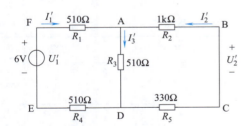

图 3.29　图 3.27 所示电路 U_1 单独
作用的分电路图

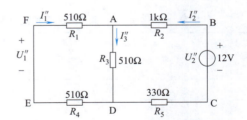

图 3.30　图 3.27 所示电路 U_2 单独
作用的分电路图

③ U_1、U_2 共同作用的电路如图 3.27 所示，电路按照图 3.27 接好，在实验电路 1 中测量的数据均填入表 3.1 中的第三行。

④ 根据测得数据再进行计算，结果填入表 3-1 的第四行。判断计算的电压和电流的值和测得的电压和电流的值是否基本相等（第三行的值和第四行的值是否基本相等）。

（3）训练电路 2（图 3.28）的训练步骤

表 3.1　叠加定理验证实验电路 1 的数据表

测量项目	$U_{FE}(U_1)$ /V	U_{FA} /V	U_{AB} /V	$U_{BC}(U_2)$ /V	U_{CD} /V	U_{DE} /V	U_{AD} /V	I_1 /mA	I_2 /mA	I_3 /mA
U_1 单独作用	$U_1' =$	$U_{FA}' =$	$U_{AB}' =$	$U_{BC}' =$	$U_{CD}' =$	$U_{DE}' =$	$U_{AD}' =$	$I_1' =$	$I_2' =$	$I_3' =$
U_2 单独作用	$U_1'' =$	$U_{FA}'' =$	$U_{AB}'' =$	$U_{BC}'' =$	$U_{CD}'' =$	$U_{DE}'' =$	$U_{AD}'' =$	$I_1'' =$	$I_2'' =$	$I_3'' =$
U_1、U_2 共同作用	$U_1 =$	$U_{FA} =$	$U_{AB} =$	$U_{BC} =$	$U_{CD} =$	$U_{DE} =$	$U_{AD} =$	$I_1 =$	$I_2 =$	$I_3 =$
计算	$U_1' + U_1'' =$	$U_{FA}' + U_{FA}'' =$	$U_{AB}' + U_{AB}'' =$	$U_{BC}' + U_{BC}'' =$	$U_{CD}' + U_{CD}'' =$	$U_{DE}' + U_{DE}'' =$	$U_{AD}' + U_{AD}'' =$	$I_1' + I_1'' =$	$I_2' + I_2'' =$	$I_3' + I_3'' =$

① I_S 单独作用的分电路图 1 如图 3.31 所示，电压源 U_S 不作用，看成短路，按照 3.31 接好电路，在分电路图 1 中测量的数据均填入表 3.2 中的第一行。

② U_S 单独作用的分电路图 2 如图 3.32 所示，电流源 I_S 不作用，看成开路，按照 3.32 接好电路，在分电路图 2 中测量的数据均填入表 3.2 中的第二行。

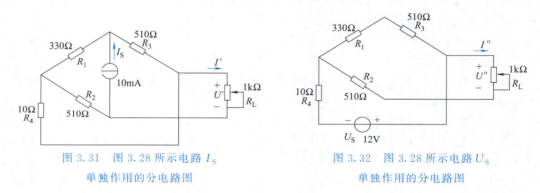

图 3.31　图 3.28 所示电路 I_S
单独作用的分电路图　　　　　　图 3.32　图 3.28 所示电路 U_S
单独作用的分电路图

③ U_S、I_S 共同作用的电路如图 3.28 所示，接好电路，在实验电路 2 中测量的数据均填入表 3.2 中的第三行。

表 3.2　叠加定理验证训练电路 2 的数据表

项目	U/V	I/mA
I_S 单独作用	$U' =$	$I' =$
U_S 单独作用	$U'' =$	$I'' =$
U_S、I_S 共同作用	$U =$	$I =$
计算的值 U、I 是否等于共同作用的测试值	$U = U' + U'' =$	$I = I' + I'' =$

④ 根据测得数据再进行计算，结果填入表 3.2 的第四行。判断计算的 U、I 的值和测得的 U、I 的值是否相等？

技能训练 2　戴维南定理的验证

1. 训练目的

通过图 3.33 所示训练电路验证戴维南定理。

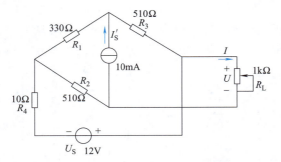

图 3.33　戴维南定理训练电路图

2. 训练电路

如图 3.33 所示。

3. 训练设备

① 训练元器件：电阻（510Ω、330Ω、10Ω 电阻，1kΩ 可变电阻等）、直流电压源（12V）、直流电流源（10mA）、导线若干。

② 训练仪表：数字万用表。

4. 训练内容与步骤

（1）训练内容

一个含源二端网络可以用一个电源来等效，可以等效为理想电压源 U_{OC} 和电阻 R_0 的串联电路，如图 3.34。电源电压等于网络的开路电压，即将负载断开后 A 、B 两端之间的电压。电源内阻等于网络除源（理想电压源短路，理想电流源开路）后所得到的无源二端网络 A、B 两端之间的等效电阻。

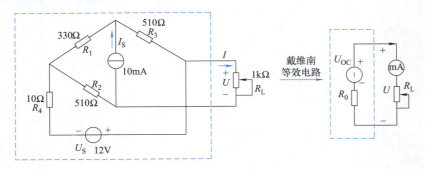

图 3.34　含源二端网络的等效电路

（2）训练步骤

① 用开路电压、短路电流法测定戴维南等效电路的 U_{OC} 和 R_0。

图 3.35 所示电路中，接入稳压电源 $U_S = 12V$ 和恒流源 $I_S = 10mA$，不接入 R_L。接好图 3.35 所示电路之后，用万用表直流电压挡 20V 挡测试 U_{OC}，填入表 3.3 中。

图 3.36 所示电路中，直接把负载短路测量短路电流 I_{SC}，并计算 R_0，填入表 3.3 中。

表 3.3　开路短路法测量数据

测量项目	U_{OC}/V	I_{SC}/mA
测量数据		
计算等效电阻 $R_0/k\Omega$	$R_0 = U_{OC}/I_{SC} =$	

② 测量开路电压、等效电阻、电流，验证戴维南定理。

如图 3.35 所示电路，接入稳压电源 $U_S = 12V$ 和恒流源 $I_S = 10mA$，不接入 R_L。接好图 3.35 电路之后，万用表直流电压挡 20V 挡位测试 U_{OC}，填入表 3.4 中。

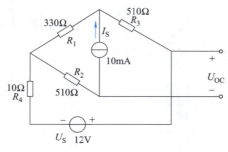
图 3.35　测试开路电压电路图

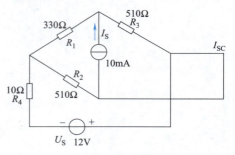
图 3.36　测试短路电流电路图

等效电阻等于网络除源（理想电压源短路，理想电流源开路）后所得到的无源二端网络 A、B 两端之间的电阻。如图 3.37 所示，接好电路后，使用万用表电阻挡测试 R_0，数据填入表 3.4 中。

接下来接入 1kΩ 电阻，如图 3.38 所示，测量电流 I，填入表 3.4 中。

计算通过负载 R_L 的电流 $I' = U_{OC}/(R_0 + R_L)$，其中 U_{OC}、R_0 是测试出来的，$R_L = 1kΩ$。

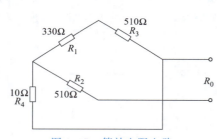
图 3.37　等效电阻电路

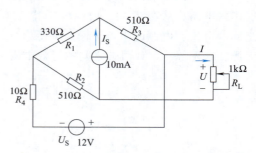
图 3.38　接上负载 1kΩ

表 3.4　二端网络戴维南等效测量数据

测量的项目	开路电压 U_{OC}/V	等效电阻 R_0/kΩ	电流 I（接上 $R_L = 1kΩ$）/mA
测量数据			
计算 R_L 的电流 I'/mA	$I' = U_{OC}/(R_0 + R_L) =$		

5. 数据分析与讨论

① 表 3.4 中测量的电流 I 和计算的电流 I' 是否相等。

② 表 3.4 测出的电阻和表 3.3 中算出的等效电阻是否相等。

③ 用戴维南定理计算图 3.33 的开路电压 U_{OC}、除源后电阻 R_0 和电流 I，并与表 3.4 作比较（应画出电路并有计算过程）。

④ 比较表 3.3 和表 3.2，两种方法得到的电流是否一样？证明叠加定理和戴维南定理的正确性。

技能训练 3　负载获得最大功率的条件

1. 训练目的
验证负载获得最大功率的条件。

2. 训练电路
如图 3.39 所示。

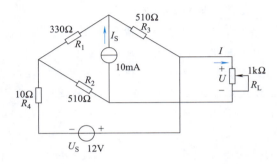

图 3.39　最大功率传输定理训练电路图

3. 训练设备
① 训练元器件：电阻（510Ω、330Ω、10Ω 电阻，1kΩ 可变电阻等）、直流电压源（12V），直流电流源（10mA）、导线若干。

② 训练仪表：数字万用表。

4. 训练内容与步骤
（1）训练内容

经推导证明，负载获得最大功率的条件是负载电阻等于电源内阻（即 $R_L = R_0$）。负载最大功率为 $P_{max} = I^2 R_L$。

（2）训练步骤

① 按图 3.39 接线，负载电阻 R_L 是可变电阻，将可变电阻调至100Ω（用万用电表欧姆挡测一下它的实际电阻并记录），测试负载两端的电压 U 和通过负载的电流 I，将数据填入表 3.5 中。

② 将负载电阻调至200Ω，重复①的测量，测量数据填入表 3.5 中。

③ 将负载电阻分别调至520Ω、1kΩ、2kΩ、3kΩ，重复①的测量，测量数据填入表 3.5 中。

表 3.5　负载获得最大功率数据表

调负载电阻 R_L/Ω		100Ω	200Ω	520Ω	1kΩ	2kΩ	3kΩ
测量	I/A						
	U/V						
计算	$P = UI/W$						

5. 数据分析与讨论
① 根据表 3.5 中测得的电压 U 和电流 I 的值计算功率，并填入表 3.5 中。

② 由表 3.5 中数据找出 R_L 等于多少时功率最大，最大功率值 P_{max} 是多少？

③ 观察功率最大时，负载电阻 R_L 是否等于电源内阻 R_0。R_0 在验证戴维南定理的时候有测试，见表 3.4 中的数据。

理论夯实场

一、简述题

1. 一个电路，它有 n 个节点、b 条支路，求支路电流。一般情况下，当 n 与 b 呈现什么关系时选用节点电压法分析？为什么？

2. 什么是节点电压法？节点电压法的实质是什么？

3. 什么是网孔电流法？网孔电流法的实质是什么？

4. 叠加定理的内容是什么？什么情况下使用叠加定理？在应用叠加定理的过程中，不作用的电流源的处理方式是什么？不作用的电压源的处理方式是什么？

5. 戴维南定理的内容是什么？戴维南定理分析等效电阻 R_0 除源时，电压源看成什么？电流源看成什么？

6. 负载获得最大功率的条件是什么？负载获得最大功率时，效率是多少？

二、计算题

1. 如图 3.40 所示，已知 $R_1 = R_2 = 8\Omega$，$R_3 = R_4 = 6\Omega$，$R_5 = R_6 = 4\Omega$，$R_7 = R_8 = 24\Omega$，$R_9 = 16\Omega$，求 A、B 间的电阻 R_{AB}。

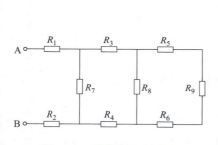

图 3.40　计算题 1 电路图

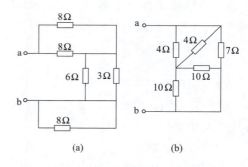

图 3.41　计算题 2 电路图

2. 如图 3.41 所示电路，分别计算两电路中 a、b 间的等效电阻 R_{ab}。

3. 试用支路电流法求图 3.42 所示电路中的 I_1、I_2。

4. 如图 3.43 所示电路，已知 $E_1 = 42V$，$E_2 = 21V$，$R_1 = 12\Omega$，$R_2 = 3\Omega$，$R_3 = 6\Omega$，试求各支路电流 I_1、I_2、I_3。

5. 如图 3.44 所示电路，试求各支路电流 I_1、I_2、I_3。

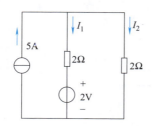

图 3.42　计算题 3 电路图

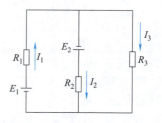

图 3.43　计算题 4 电路图

图 3.44　计算题 5 电路图

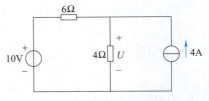

图 3.45　计算题 6 电路图

6. 如图 3.45 所示电路，试用叠加定理求 U。

7. 如图 3.46 所示电路，试用叠加定理求流过 5Ω 电阻的电流 I_2 和理想电流源两端的电压 U_S。

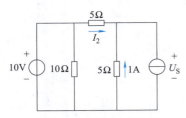

图 3.46　计算题 7 电路图

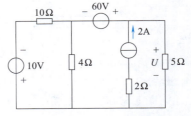

图 3.47　计算题 8 电路图

8. 应用叠加定理计算图 3.47 所示电路中的电压 U。

9. 试用戴维南定理求图 3.48 所示电路中的电流 I。已知 $R_1 = R_3 = 2\Omega$，$R_2 = 5\Omega$，$R_4 = 8\Omega$，$R_5 = 14\Omega$，$U_1 = 8V$，$U_2 = 5V$，$I_S = 3A$。

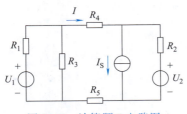

图 3.48　计算题 9 电路图

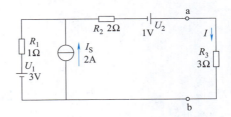

图 3.49　计算题 10 电路图

10. 如图 3.49 所示电路，用戴维南定理计算电阻 R_3 中的电流 I 及 U_{ab}。

11. 如图 3.50 所示电路，R_L 为何值时才能获得最大功率？求其最大功率。

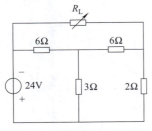

图 3.50　计算题 11 电路图

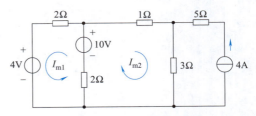

图 3.51　计算题 12 电路图

12. 用网孔电流法计算图 3.51 所示电路中的网孔电流 I_{m1}、I_{m2}。

13. 应用戴维南定理将图 3.52 所示各电路化为等效电压源和等效电流源。

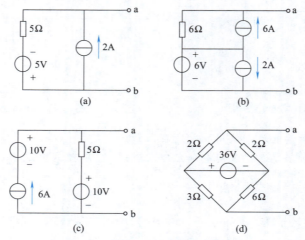

图 3.52　计算题 13 电路图

14. 如图 3.53 所示电路，试求网孔电流法电流 I。

15. 用节点电压法求如图 3.55 所示电路中各支路电流 I_1、I_2、I_3。

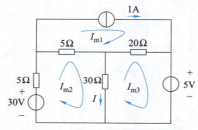

图 3.53　计算题 14 电路图

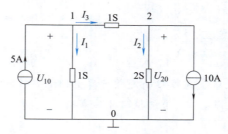

图 3.54　计算题 15 电路图

电路的过渡过程

教学内容（思维导图）

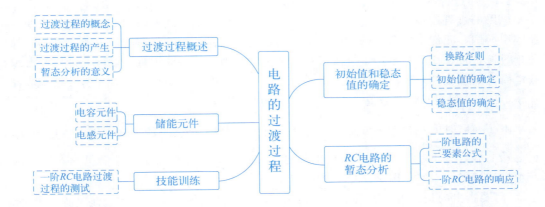

教学目标

知识目标

1. 掌握电容和电感的储能原理与伏安关系。

2. 通过换路定则计算初始电压、初始电流。

3. 掌握三要素法（初始值、稳态值、时间常数）的数学表达式，理解时间常数 τ 的物理意义。

能力目标

1. 能应用换路定则确定电容电压、电感电流的初始值。

2. 能利用三要素法计算 RC 电路的暂态响应（如电容充放电曲线）。

素质目标

1. 通过对暂态过程时间序列的分析，培养动态系统建模的严谨性。

2. 识别储能元件（如超级电容）的潜在危险（如短路爆炸风险）。

3. 探索暂态分析在新能源（如锂电池充放电管理）、通信（信号边沿控制）等领域的应用。

模块 1　过渡过程概述

1. 过渡过程概念

　　自然界一切事物的运动，在特定条件下处于稳定状态，一旦条件改变，就要过渡到另一个新的稳定状态。在由电阻和电容或电阻和电感构成的电路中，当电源电压或电源电流是恒定的或做周期性变化时，电路中的电压或电流也是恒定的或做周期性变化。电路的这种状态称为稳定状态，简称稳态。具有储能元件（L 或 C）的电路在电路接通、断开，或电路的参数、结构、电源等发生改变时，电路不能从原来的稳态立即达到新的稳态，需要经过一定的时间才能达到。这种电路从一个稳态经过一定时间过渡到另一个新的稳态的物理过程称为电路的过渡过程。和稳态相对应，电路的过渡状态称为暂态。分析电路过渡过程中电压或电流随时间变化的规律，即在 $0 \leqslant t < \infty$ 时间范围内 $u(t)$、$i(t)$ 的变化规律，称为暂态分析。

2. 过渡过程的产生

　　电路的过渡过程是由于电路的接通、断开、短路，电源或电路中的参数突然改变等原因引起的。我们把电路的这些改变统称为换路。然而，并不是所有的电路在换路时都产生过渡过程，换路只是产生过渡过程的外因，其内因是电路中具有储能元件——电容或电感。储能元件所储存的能量是不能突变的，因为能量的突变意味着无穷大功率的存在，即 $p = \mathrm{d}w/\mathrm{d}t = \infty$，这在实际中是不可能的。

　　由于换路时电容和电感分别储存的能量 $\dfrac{1}{2}Cu_C^2$ 和 $\dfrac{1}{2}Li_L^2$ 不能突变，则电容电压 u_C 和电感电流 i_L 只能连续变化，而不能突变。由此可见，含有储能元件的电路在换路时产生过渡过程的根本原因是能量不能突变。

电容元件

　　需要指出的是，由于电阻不是储能元件，因而纯电阻电路不存在过渡过程。另外，由于电容电流 $i_C = C\dfrac{\mathrm{d}u_C}{\mathrm{d}t}$、电感电压 $u_L = L\dfrac{\mathrm{d}i_L}{\mathrm{d}t}$，所以电容电流和电感电压是可以突变的（是否突变，由电路的具体结构而定）。

3. 暂态分析的意义

　　过渡过程又称暂态过程，主要特点是过程短暂，但在工程中颇为重要。一方面，在电子技术中，常利用 RC 电路的暂态过程来实现振荡信号的产生、信号波形的变换或产生延时（延时继电器）等。另一方面，电路在暂态过程中会出现过高的电压或过大的电流这类过电压或过电流现象，而过电压或过电流有时会损坏电气设备，造成严重事故。因此，分析电路的暂态过程，目的在于掌握其规律，以便在工作中用其"利"克其"弊"。

模块 2　储 能 元 件

知识 1　电容元件

1. 电容

　　电容器简称电容，是最常用的电子元件之一，其字母符号为 C。顾名思义，电容器就是"储存电荷的容器"，故电容器具有储存一定电荷的能力。尽管电容器品种繁多，但它们的基本结构和工作原理是相同的。两片相距很近的金属被中间的绝缘物质（固体、气体或液体）隔开，就构成了电容器。两片金属称为极板，中间的绝缘物质叫做介质。

电容的正常工作方式是充、放电。电容在电路中的主要作用是建立电场、储存电能，在电路中的特点是通交流、隔直流、阻低频、通高频，因此常用于振荡电路、调谐电路、滤波电路、旁路电路和耦合电路中。

2. 电容量

电容量是衡量电容储能本领的参数。电容量简称电容，显然电容不仅表示电气元件，同时也表示电气参数。规定电容器外加 1V 直流电压时所储存的电荷量称为该电容器的电容量。

$$C = \frac{q}{U} \tag{4-1}$$

式中　C——电容器的电容量，F；

　　q——极板上的电量，C；

　　U——极板间电压，V。

电容的基本单位为法拉（F）。但实际上，法拉是一个很不常用的单位，因为电容器的容量往往比 1F 小得多，常用的单位是微法（μF）、纳法（nF）、皮法（pF），它们的关系是

$$1F = 10^6 \mu F = 10^9 nF = 10^{12} pF$$

3. 电容的分类

按结构电容器可分为固定电容器、可变电容器和半可变电容器，目前使用最多的是固定电容器。按极性电容器可分为有极性的电解电容和无极性的普通电容。按介质材料电容器可分为金属电容器、瓷片电容器、涤纶（聚酯）电容器、云母电容器、空气电容器、纸介电容器、独石电容器、铝电解电容器、铌电解电容器、钽电解电容器等。图 4.1 列出了常用的电容器。

纸介电容器　　　　有机薄膜电容器　　　　瓷介电容器

云母电容　　　　玻璃釉电容　　　　电解电容

图 4.1　常用电容器

4. 电容上电压与电流的关系

因为

$$q(t) = Cu(t), \quad i(t) = \frac{dq}{dt}$$

所以

$$i(t) = C\frac{\mathrm{d}u(t)}{\mathrm{d}t} \tag{4-2}$$

5. 电容的串联和并联

（1）电容的串联（图4.2）

$$u = u_1 + u_2$$
$$= \frac{q}{C_1} + \frac{q}{C_2}$$
$$= \frac{q}{C}$$
$$\frac{1}{C} = \frac{1}{C_1} + \frac{1}{C_2} \tag{4-3}$$
$$C = \frac{C_1 C_2}{C_1 + C_2} \tag{4-4}$$

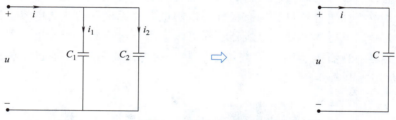

图4.2 电容的串联

（2）电容的并联（图4.3）

电感元件

图4.3 电容的并联

$$i_2 = C_2\frac{\mathrm{d}u}{\mathrm{d}t},\ i_1 = C_1\frac{\mathrm{d}u}{\mathrm{d}t},\ i = i_1 + i_2 = (C_1 + C_2)\frac{\mathrm{d}u}{\mathrm{d}t} = C\frac{\mathrm{d}u}{\mathrm{d}t}$$
$$C = C_1 + C_2 \tag{4-5}$$

知识2　电感元件

1. 电感

为表示载流回路中电流产生的磁场作用，引入了电感元件。用铜线缠绕的线圈就是我们常说的电感。电感也是构成电路的基本元件，其基本工作特性是通低频、阻高频。电感在交流电路中常用于扼流、降压、谐振等。

电感通电后就会在其周围建立磁场，并将从电路中接收到的电能转换为磁能储存起来，因此，建立磁场、储存磁能是电感的主要工作方式。

2. 电感量

图 4.4 所示为一个线圈，其中的电流 i 产生的磁通 Φ_L 与 N 匝线圈交链，则磁链 $\Psi_L = N\Phi_L$。Φ_L 与 Ψ_L 的方向与电流 i 的参考方向成右手螺旋关系。当磁链 Ψ_L 随时间变化时，在线圈的端子间产生感应电压。如果感应电压 u 的参考方向与 Ψ_L 成右手螺旋关系（即从端子 A 沿导线到端子 B 的方向与 Ψ_L 成右手螺旋关系），则根据电磁感应定律有

$$u = \frac{\mathrm{d}\Psi_L}{\mathrm{d}t} \tag{4-6}$$

$$\Psi_L = Li \tag{4-7}$$

式中，L 为电感元件的参数，称为自感系数或电感，它是一个正实数。

线圈电感的大小决定于线圈的形状、几何尺寸、匝数和线圈周围磁介质的磁导率。线圈的电感可以根据电磁学的理论计算得出，还可以用量测电感的仪器测量得出（图 4.5）。

在国际单位制（SI）中，磁通和磁链的单位是 Wb（韦伯，简称韦），当电流单位为 A 时，电感的单位是 H（亨利，简称亨）。

衡量电感存储磁能本领大小的参量称为电感量，用"L"表示，国际单位制中用 H（亨利）、mH（毫亨）和 μH（微亨）表示单位。这些单位之间的换算关系为

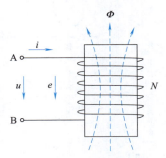

图 4.4　电磁感应定律

$$1\mathrm{H} = 10^3\,\mathrm{mH} = 10^6\,\mu\mathrm{H}$$

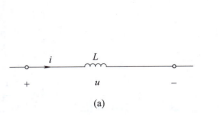

(a)　　　　　　　　　　(b)

图 4.5　电感元件及其韦安特性曲线

3. 电感上电压与电流的关系

因为

$$u = \frac{\mathrm{d}\psi}{\mathrm{d}t}$$

$$\Psi = Li$$

所以

$$u = \frac{\mathrm{d}}{\mathrm{d}t}Li = L\frac{\mathrm{d}i}{\mathrm{d}t} \tag{4-8}$$

4. 电感的串联和并联

（1）电感的串联（图 4.6）

$$u_1 = L_1\frac{\mathrm{d}i}{\mathrm{d}t},\ u_2 = L_2\frac{\mathrm{d}i}{\mathrm{d}t},\ u = u_1 + u_2 = (L_1 + L_2)\frac{\mathrm{d}i}{\mathrm{d}t} = L\frac{\mathrm{d}i}{\mathrm{d}t}$$

图 4.6　电感的串联

$$L = L_1 + L_2 \tag{4-9}$$

（2）电感的并联（图 4.7）

图 4.7　电感的并联

$$L_1 i_1 = \frac{\mathrm{d}u}{\mathrm{d}t}, \quad L_2 i_2 = \frac{\mathrm{d}u}{\mathrm{d}t}, \quad i = i_1 + i_2 = \frac{1}{L_1}\frac{\mathrm{d}u}{\mathrm{d}t} + \frac{1}{L_2}\frac{\mathrm{d}u}{\mathrm{d}t} = \frac{1}{L}\frac{\mathrm{d}u}{\mathrm{d}t}$$

$$\frac{1}{L} = \frac{1}{L_1} + \frac{1}{L_2}$$

$$L = \frac{1}{\dfrac{1}{L_1} + \dfrac{1}{L_2}} = \frac{L_1 L_2}{L_1 + L_2} \tag{4-10}$$

换路定则

模块 3　初始值和稳态值的确定

知识 1　初始值的确定

1. 换路定则

如前所述，电容电压 u_C 和电感电流 i_L 只能连续变化，不能突变。设 $t=0$ 为换路瞬间，以 $t=0_-$ 表示换路前的终了瞬间，以 $t=0_+$ 表示换路后的初始瞬间。在 $t=0_-$ 到 $t=0_+$ 的换路瞬间，电容元件的电压和电感元件的电流不能突变，这就是换路定则，用公式表示为

$$u_C(0_+) = u_C(0_-)$$
$$i_L(0_-) = i_L(0_-) \tag{4-11}$$

必须指出的是，换路定则只能确定换路后初始瞬间 $t=0_+$ 时不能突变的 u_C 和 i_L 的初始值。而 $u_C(0_-)$ 或 $i_L(0_-)$ 需根据换路前电路的终了瞬间进行计算。

2. 初始值的确定

在换路瞬间，电路中其他电压和电流（如 i_C、u_L、u_R、i_R 等）的初始值是可以

突变的（是否突变，由电路的具体结构而定）。由换路定则确定了电容电压 $u_C(0_+)$ 或电感电流 $i_L(0_+)$ 的初始值后，电路中其他电压和电流的初始值可按以下原则计算确定。

初始值的
确定

① 首先作出换路后初始瞬间的 0_+ 电路。

a. 在 0_+ 电路中，电容元件视为恒压源，其电压为 $u_C(0_+)$。如果 $u_C(0_+)=0$，电容元件视为短路。

b. 在 0_+ 电路中，电感元件视为恒流源，其电流为 $i_L(0_+)$。如果 $i_L(0_+)=0$，电感元件视为开路。

② 应用电路的基本定律和基本分析方法，在 0_+ 电路中计算其他电压和电流的初始值。

下面举例加以说明。

【例 4.1】 确定图 4.8（a）所示电路在换路后（S 闭合）各电压和电流的初始值。

解：① 作 $t=0_-$ 时的电路，如图 4.8（b）所示。在 $t=0_-$ 时，电路为前一稳态，而直流稳态电路中，电容元件可视为开路，电感元件视为短路。所以由换路定则得

$$i_L(0_+)=i_L(0_-)=\frac{1}{2}I_S=5\ (\text{mA})$$

$$u_C(0_+)=u_C(0_-)=i_L(0_-)R_3=5\times2=10\ (\text{V})$$

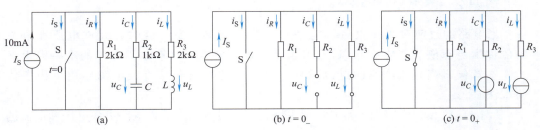

图 4.8　例 4.1 电路图

② 作 $t=0_+$ 时电路，如图 4.8（c）所示。用基本定律计算其他电压和电流初始值。

$$i_R(0_+)=0,\ u_{R_1}(0_+)=0$$

$$i_C(0_+)=-\frac{u_C(0_+)}{R_2}=-\frac{10}{1}=-10\ (\text{mA})$$

$$i_S(0_+)=I_S-i_R-i_C-i_L=10-0-(-10)-5=15\ (\text{mA})$$

$$u_L(0_+)=i_L(0_+)R_3=5\times2=10\ (\text{V})$$

由例 4.1 可见，计算 $t=0_+$ 时电压和电流的初始值，需计算 $t=0_-$ 时的 i_L 和 u_C，因为它们不能突变，是连续的。而 $t=0_-$ 时其他电压和电流与初始值无关，不必去求，只能在 $t=0_+$ 的电路中计算。

【例 4.2】 确定图 4.9（a）所示电路中各电流和电压的初始值。设开关 S 闭合前电感元件和电容元件均未储能。

解：① 由 $t=0_-$ 的电路，即图 4.9（a）所示的开关 S 未闭合的电路可知

$$u_C(0_+)=u_C(0_-)=0,\ i_L(0_+)=i_L(0_-)=0$$

② 在图 4.9（b）所示的 $t=0_+$ 的电路中，由于电容电压和电感电流的初始值为零，所以将电容元件短路，将电感元件开路，于是得出其他各电压和电流的初始值。

$$i_R(0_+)=i_C(0_+)=\frac{U_S}{R_1+R_2}=\frac{12}{2+4}=2\ (\text{A})$$

$$u_L(0_+)=i_C(0_+)R_2=2\times4=8\ (\text{V})$$

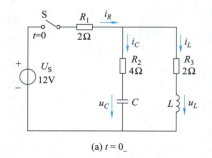 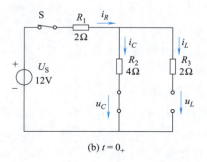

(a) $t=0_-$ (b) $t=0_+$

图 4.9　例 4.2 电路图

知识 2　电路稳态值的确定

稳态值的确定

当电路的过渡过程结束后，电路进入新的稳定状态，这时各元件电压和电流的值称为稳态值（或终值）。稳态值也是分析一阶电路过渡过程规律的重要因素之一。本章仅研究直流电路的过渡过程，因此，这里只总结直流电源作用下稳态值的求法。

【例 4.3】　试求图 4.10（a）所示电路在过渡过程结束后，电路中各电压和电流的稳态值。

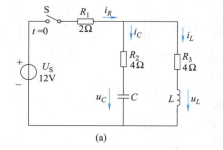 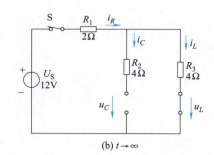

(a)   (b) $t\rightarrow\infty$

图 4.10　例 4.3 电路图

解：在图 4.10（b）所示 $t\rightarrow\infty$ 时的稳态电路中，由于电容电流和电感电压的稳态值为零，所以将电容元件开路、电感元件短路，于是得出各稳态值。

$$i_C(\infty)=0,\ u_L(\infty)=0$$

$$i_R(\infty)=i_L(\infty)=\frac{U_S}{R_1+R_3}=\frac{12}{2+4}=2\ (\text{A})$$

$$u_C(\infty)=i_L(\infty)R_3=2\times4=8\ (\text{V})$$

模块 4　RC 电路的暂态分析

一阶电路的
三要素公式

知识 1　一阶电路的三要素公式

图 4.11 是一个简单的 RC 电路。设在 $t=0$ 时开关 S 闭合，则可列出回路电压方程

$$iR + u_C = U_S$$

由于 $i_C = C \dfrac{\mathrm{d}u_C}{\mathrm{d}t}$，所以有

$$RC \frac{\mathrm{d}u_C}{\mathrm{d}t} + u_C = U_S$$

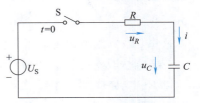

图 4.11　RC 电路

该式是一阶常系数非齐次线性微分方程，解此方程就可得到电容电压随时间变化的规律。这种根据只含一个储能元件或者可简化为一个储能元件的电路所列出的方程是一阶方程，因此常称这类电路为一阶电路。该方程的解由特解 u_C' 和通解 u_C'' 两部分组成，即 $u_C(t) = u_C' + u_C''$。

特解 u_C' 是方程的任一个解。因为电路的稳态值也是方程的解，且稳态值很容易求得，故特解取电路的稳态解，也称稳态分量，即

$$u_C' = u_C(t)\big|_{t \to \infty} = u_C(\infty)$$

u_C'' 为方程对应的齐次方程

$$RC \frac{\mathrm{d}u_C}{\mathrm{d}t} + u_C = 0$$

的通解，其解的形式是 $A\mathrm{e}^{pt}$。其中，A 是待定系数；p 是齐次方程所对应的特征方程

$$RCp + 1 = 0$$

的特征根，即

$$p = -\frac{1}{RC} = -\frac{1}{\tau}$$

式中，$\tau = RC$，具有时间量纲，称为 RC 电路的时间常数，因此通解可写为

$$u_C'' = A\mathrm{e}^{-\frac{t}{\tau}}$$

可见，u_C'' 是按指数规律衰减的，它只出现在过渡过程中，通常称 u_C'' 为暂态分量。

由此，稳态分量加暂态分量就得到了方程的全解，即

$$u_C(t) = u_C(\infty) + A\mathrm{e}^{-\frac{t}{\tau}} \tag{4-12}$$

式中，常数 A 可由初始条件确定。设开关 S 闭合后的瞬间为 $t = 0_+$，此时电容的初始电压（即初始条件）为 $u_C(0_+)$，则在 $t = 0_+$ 时有

$$u_C(0_+) = u_C(\infty) + A$$

故

$$A = u_C(0_+) - u_C(\infty)$$

将 A 值代入式（4-12）全解式中，就得到求解一阶 RC 电路过渡过程中电容电压的

通式，即

$$u_C(t) = u_C(\infty) + [u_C(0_+) - u_C(\infty)]e^{-\frac{t}{\tau}} \tag{4-13}$$

由式（4-13）可以看出，只要求出初始值、稳态值和时间常数这三个要素，代入式（4-13）就能确定 u_C 的解析表达式。事实上，一阶电路中的电压或电流都是按指数规律变化的，都可以利用三要素来求解。这种利用上述三个要素求解一阶电路电压或电流随时间变化的关系式的方法就是三要素法。其一般形式为

$$f(t) = f(\infty) + [f(0_+) - f(\infty)]e^{-\frac{t}{\tau}} \tag{4-14}$$

这里 $f(t)$ 既可代表电压，也可以代表电流。

三要素法具有方便、实用和物理概念清楚等特点，是求解一阶电路常用的方法。

以 RC 电路为例，需要指出的是：

① 初始值 $u_C(0_+) = u_C(0_-)$。求换路前终了瞬间电容上的电压值 $u_C(0_-)$，如果换路前电路已处于稳态，$u_C(0_-)$ 就是换路前电容两端的开路电压。求出 $u_C(0_-)$ 后，其他电压或电流的初始值可由换路后初始瞬间的 0_+ 电路求得。

② 稳态值 $u_C(\infty)$，即换路后稳态时电容两端的开路电压。其他电压或电流的稳态值可在换路后的稳态电路中求得。

③ 时间常数 $\tau = RC$，式中 R 是换路后电容两端除源网络的等效电阻（即戴维南等效电阻）。当 R 的单位是欧姆（Ω），C 的单位是法拉（F）时，τ 的单位是秒（s）。τ 的大小反映了过渡过程变化的快慢。在 RC 电路中，τ 越大，充电或放电就越慢；τ 越小，充电或放电就越快。

从理论上讲，只有当 $t \to \infty$ 时，电容电压才能达到稳态值。通过计算可知，t 为 τ、3τ、5τ 时

$$\left.\begin{aligned}
u_C(\tau) &= u_C(\infty) + [u_C(0_+) - u_C(\infty)]e^{-1} \\
&= u_C(\infty) - 0.368[u_C(\infty) - u_C(0_+)] \\
u_C(3\tau) &= u_C(\infty) - 0.05[u_C(\infty) - u_C(0_+)] \\
u_C(5\tau) &= u_C(\infty) - 0.007[u_C(\infty) - u_C(0_+)]
\end{aligned}\right\} \tag{4-15}$$

假设 $u_C(0_+) = 0$，可以从式（4-15）中明显看出，当 $t = (3 \sim 5)\tau$ 时，u_C 与稳态值仅差 5%～0.7%。在工程实际中，通常认为经过（3～5）τ 后电路的过渡过程已经结束，电路已经进入稳定状态。图4.12画出了 $u_C(\infty) = U_S$、$u_C(0_+) = 0$ 时，$u_C(t)$ 随时间变化的曲线。

时间常数 τ 的物理意义是很明显的，当电源电压一定时，C 越大，要储存的电能愈多，将此能量储存或释放所需时间就愈长。R 愈大，充电或放电的电流就越小，充电或放电所需时间也就越长。RC 电路中的时间常数 τ 正比于 R 和 C 的乘积。适当调节参数 R 和 C，就可控制 RC 电路过渡过程变化的快慢。

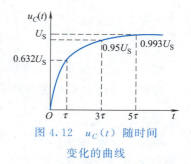

图 4.12　$u_C(t)$ 随时间
变化的曲线

知识2　一阶 RC 电路的响应

下面对一阶 RC 电路过渡过程中电压、电流的变化规律进行进一步的讨论。

在电路分析中，通常将电路在外部输入（常称为激励）或内部储能作用下所产生的电压或电流称为响应。知识2讨论的换路后电路中电压或电流随时间变化的规律，称为时域响应。三要素法的公式就是时域响应表达式。如果电路没有初始储能，仅由外界激励源（电源）作用产生的响应，称为零状态响应。如果无外界激励源作用，仅由电路本身初始储能作用产生的响应，称为零输入响应。既有初始储能作用又有外界激励作用产生的响应称为全响应。下面分别讨论。

1. RC 电路的零状态响应

图 4.13（a）所示电路中，在 $t=0$ 时开关 S 闭合，接通直流电源 U_S，电容 C 开始充电。此时实际为输入一个阶跃电压 U_S，如图 4.13（b）所示。由于电容 C 无初始储能，$u_C(0_+)=u_C(0_-)=0$。当电路达到稳态时，电容充电结束，$i(\infty)=0$、$u_C(\infty)=U_S$，时间常数 $\tau=RC$。根据三要素法的公式，可求出在电源 U_S 的激励下的零状态响应为

$$u_C(t)=u_C(\infty)(1-e^{-\frac{t}{\tau}})=U_S(1-e^{-\frac{t}{RC}}) \qquad (4\text{-}16)$$

式（4-16）表明，电容充电时，电容电压按指数规律上升，最终达到稳态值 U_S，但上升速率与时间常数 τ 有关。电容的充电电流 i 可以由 u_C 直接求得，而 u_R 可由 i 求得

$$\left. \begin{array}{l} i(t)=C\dfrac{du_C}{dt}=\dfrac{u_C(\infty)}{R}e^{-\frac{t}{RC}}=\dfrac{U_S}{R}e^{-\frac{t}{RC}} \\[3mm] u_R(t)=iR=U_Se^{-\frac{t}{RC}} \end{array} \right\} \qquad (4\text{-}17)$$

可见，开关 S 闭合瞬间，C 相当于短路，电阻电压最大为 U_S，充电电流最大为 U_S/R；稳态后电阻电压和充电电流均为零。u_C、i 和 u_R 的变化曲线如图 4.13（c）所示，它们是按指数规律上升或衰减的，其上升或衰减的速率由时间常数 τ 决定。在同一电路中，各响应的 τ 是相同的。

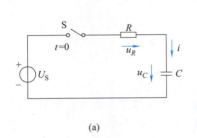

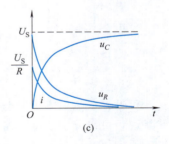

(a)　　　　　　　　　(b)　　　　　　　　　(c)

图 4.13　RC 电路的零状态响应

2. RC 电路的零输入响应

如图 4.14（a）所示电路，$t<0$ 时处于稳态，即电容充电完毕，$u_C(0_-)=U_S$。在 $t=0$ 时，开关 S 动作将 RC 电路短接，电容 C 对电阻 R 放电，稳态时 $u_C(\infty)=0$。于是可求得电路的零输入响应为

$$\left. \begin{array}{l} u_C(t)=u_C(0_+)e^{-\frac{t}{\tau}}=U_Se^{-\frac{1}{RC}} \\[3mm] u_R(t)=iR=-U_Se^{-\frac{t}{RC}} \\[3mm] i(t)=C\dfrac{du_C}{dt}=-\dfrac{u_C(0_+)}{R}e^{-\frac{t}{\tau}}=-\dfrac{U_S}{R}e^{-\frac{t}{RC}} \end{array} \right\} \qquad (4\text{-}18)$$

式中的负号表示电流及电阻电压的参考方向与实际方向相反。u_C、i 和 u_R 的变化曲线如图 4.14（b）所示。

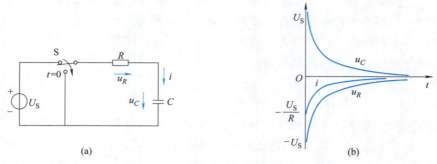

图 4.14　RC 电路的零输入响应

3. RC 电路的全响应

如图 4.15（a）所示 RC 电路，$u_C(0_+) = u_C(0_-) = -U_{S1}$，$u_C(\infty) = U_{S2}$，$\tau = RC$，则电路的全响应为

$$u_C(t) = U_{S2} + (-U_{S1} - U_{S2})\mathrm{e}^{-\frac{t}{RC}} = U_{S2} - (U_{S1} + U_{S2})\mathrm{e}^{-\frac{t}{RC}}$$

或改写为

$$u_C(t) = -U_{S1}\mathrm{e}^{-\frac{t}{RC}} + U_{S2}(1 - \mathrm{e}^{-\frac{t}{RC}}) \tag{4-19}$$

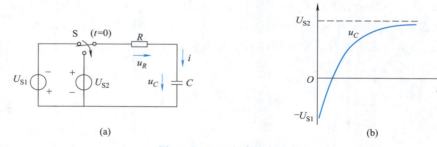

图 4.15　RC 电路的全响应

　　可见，全响应等于稳态分量加暂态分量，或等于零输入响应和零状态响应相加。也就是说，可以分别求出零输入响应和零状态响应，将两者相加就是全响应。同理，可求出电流 i 和电阻电压 u_R。u_C 的变化曲线如图 4.15（b）所示。

下面举例说明三要素法的应用。

【例 4.4】　图 4.16（a）所示电路原处于稳态，在 $t=0$ 时将开关 S 闭合，试求换路后电路中所示的电压和电流，并画出其变化曲线。

解：用三要素法求解。

① 求 $u_C(t)$。

求 $u_C(0_+)$。由图 4.16（b）可得

$$u_C(0_+) = u_C(0_-) = U_S = 12\mathrm{V}$$

求 $u_C(\infty)$。由图 4.16（c）可得

$$u_C(\infty) = \frac{R_2}{R_1 + R_2}U_S = \frac{6}{3+6} \times 12 = 8 \text{ (V)}$$

求 τ。R 应为换路后电容两端的除源网络的等效电阻，由图 4.16（d）可得

$$R = R_1 // R_2 + R_3 = \frac{3 \times 6}{3+6} + 2 = 4 \ (\text{k}\Omega)$$

$$\tau = RC = 4 \times 10^3 \times 5 \times 10^{-6} = 2 \times 10^{-2} \ (\text{s})$$

所以，电容电压 $u_C(t) = u_C(\infty) + [u_C(0_+) - u_C(\infty)]\mathrm{e}^{-\frac{t}{\tau}} = 8 + 4\mathrm{e}^{-50t} \ (\text{V})$

② 求 $i_C(t)$。

电容电流 $i_C(t)$ 可用三要素法求，也可由 $i_C(t) = C\dfrac{\mathrm{d}u_C(t)}{\mathrm{d}t}$ 求得。

$$i_C(t) = C\frac{\mathrm{d}u_C(t)}{\mathrm{d}t} = \frac{u_C(\infty) - u_C(0_+)}{R}\mathrm{e}^{-\frac{t}{\tau}} = \frac{8-12}{4}\mathrm{e}^{-50t} = -\mathrm{e}^{-50t} \ (\text{mA})$$

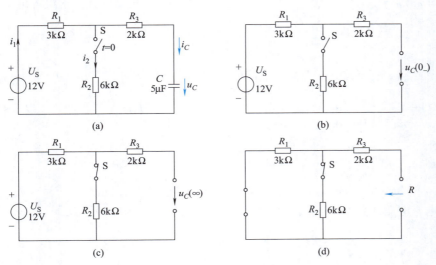

图 4.16　例 4.4 电路图

③ 求 $i_1(t)$、$i_2(t)$。

电流 $i_1(t)$、$i_2(t)$ 可用三要素法求，也可由 $i_C(t)$、$u_C(t)$ 求得。

$$i_2(t) = \frac{i_C(t)R_3 + u_C(t)}{R_2} = \frac{-\mathrm{e}^{-50t} \times 2 + 8 + 4\mathrm{e}^{-50t}}{6} = \frac{4}{3} + \frac{1}{3}\mathrm{e}^{-50t} \ (\text{mA})$$

$$i_1(t) = i_2(t) + i_C(t) = \frac{4}{3} + \frac{1}{3}\mathrm{e}^{-50t} - \mathrm{e}^{-50t} = \frac{4}{3} - \frac{2}{3}\mathrm{e}^{-50t} \ (\text{mA})$$

$u_C(t)$、$i_C(t)$、$i_1(t)$ 和 $i_2(t)$ 的变化曲线如图 4.17 所示。

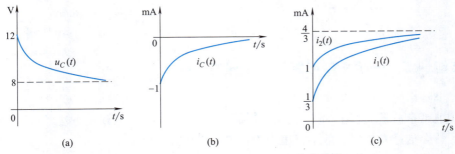

图 4.17　例 4.4 电路的电压、电流变化曲线

【例4.5】 图4.18（a）所示电路中，开关S原处于位置3，电容无初始储能。在 $t=0$ 时，开关接到位置1，经过一个时间常数的时间，又突然接到位置2。试写出电容电压 $u_C(t)$ 的表达式，画出变化曲线，并求开关S接到位置2后电容电压变到0V所需的时间。

解： ① 先用三要素法求开关S接到位置1时的电容电压 u_{C1}。

$$u_{C1}(0_+)=u_{C1}(0_-)=0$$

$$u_{C1}(\infty)=U_{S1}=10\text{V}$$

$$\tau_1=(R_1+R_3)C=(0.5+0.5)\times10^3\times0.1\times10^{-6}=0.1\ (\text{ms})$$

则 $u_{C1}(t)=u_{C1}(\infty)+[u_{C1}(0_+)-u_{C1}(\infty)]e^{-\frac{t}{\tau_1}}=10(1-e^{-\frac{t}{0.1}})$ （V）（t 以 ms 计）

② 在经过一个时间常数 τ_1 后，开关S接到位置2，用三要素法求电容电压 u_{C2}。

$$u_{C2}(\tau_{1+})=u_{C2}(\tau_{1-})=10(1-e^{-1})=6.32\ (\text{V})$$

$$u_{C2}(\infty)=-5\text{V}$$

$$\tau_2=(R_2+R_3)C=(1+0.5)\times10^3\times0.1\times10^{-6}=0.15\ (\text{ms})$$

则 $u_{C2}(t)=u_{C2}(\infty)+[u_{C2}(\tau_{1+})-u_{C2}(\infty)]e^{-\frac{t-\tau_1}{\tau_2}}=-5+11.32e^{-\frac{t-0.1}{0.15}}$ （V）（t 以 ms 计）

所以，在 $0\leqslant t<\infty$ 时，电容电压的表达式为

$$u_C(t)=\begin{cases} 10(1-e^{-\frac{t}{0.1}})\text{V} & (0\leqslant t<0.1\text{mA}) \\ (-5+11.32e^{-\frac{t-0.1}{0.15}})\text{V} & (t\geqslant0.1\text{mA}) \end{cases}$$

③ 电容电压变到0V时，即

$$-5+11.32e^{-\frac{t-0.1}{0.15}}=0$$

解得 $$t=0.1-0.15\ln\frac{5}{11.32}=0.22\ (\text{ms})$$

$u_C(t)$ 的变化曲线如图4-18（b）所示

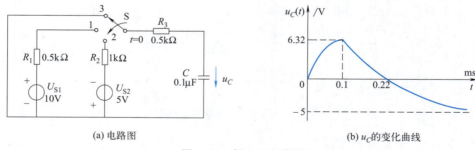

(a) 电路图   (b) u_C 的变化曲线

图 4.18 例 4.5 电路图

技能训练 一阶 *RC* 电路过渡过程的测试

1. 训练目的
① 熟悉示波器面板上的开关、按键和旋钮的作用，学会其使用方法。
② 学会信号发生器、数字万用表等仪器的使用方法。
③ 研究一阶 *RC* 电路的过渡过程。

2. 训练电路

3. 训练设备

① 训练元器件：电阻（10kΩ、1kΩ、2kΩ）、电容（0.01μF）。

② 训练仪表：示波器、数字万用表、信号发生器。

4. 训练内容与步骤

按图 4.19 接线，调节信号发生器使其输出幅度为 $U_S = 5V$、频率为 $f = 500Hz$ 的方波信号。

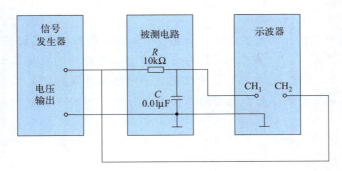

图 4.19 一阶 RC 实验电路图

① 取 $C = 0.1\mu F$，用示波器分别观察 $R = 10kΩ$、$R = 1kΩ$、$R = 2kΩ$ 三种情况下的 u_S、u_C 波形，测量电路的时间常数 τ 值，并记录于表 4.1 中。

表 4.1   数据表 1

R	观察并画出 u_S 的波形	观察并画出 u_C 的波形	测得 $\tau =$	算得 $\tau =$
10kΩ				
1kΩ				
2kΩ				

② 将图 4.19 中的 R 和 C 互换位置，用示波器分别观察 $R = 10kΩ$、$R = 1kΩ$、$R = 2kΩ$ 三种情况下的 u_S、u_R 波形，并记录于表 4.2 中。

表 4.2   数据表 2

R	观察并画出 u_S 的波形	观察并画出 u_R 的波形	测得 $\tau =$	算得 $\tau =$
10kΩ				
1kΩ				
2kΩ				

5. 数据分析与讨论

① 根据画出的一阶 RC 电路的输入输出波形计算 τ，将测得的时间常数与计算值相比较，说明影响因素。

② 总结信号发生器、示波器的使用的方法及注意事项。

理论夯实场

一、简述题

1. 在电路中，当电源电压或电源电流是恒定的或做周期性变化时，电路中的电压和电流也是恒定的或做周期性变化。电路的这种状态称为什么状态？在具有储能元件（L 或 C）的电路中，一旦电路换路，电路将经历一个什么过程？

2. 电容的作用是什么？电感的作用是什么？

3. 什么叫过渡过程？产生过渡过程的原因和条件是什么？

4. 什么叫换路定则？

5. 什么叫初始值？什么叫稳态值？在电路中如何确定初始值及稳态值？

6. 除电容电压 $u_C(0_+)$ 和电感电流 $i_L(0_+)$ 外，电路中其他电压和电流的初始值应在什么电路中确定？在 0_+ 电路中，电容元件和电感元件视为什么？

7. 一阶电路的三要素法的公式中的三要素指什么？三要素法分析一阶电路的公式是什么？

8. 理论上过渡过程需要多长时间？而在工程实际中，通常认为过渡过程大约为多长时间？

二、计算题

1. 如图 4.20 所示电路，原来处于稳态，试确定换路后初始瞬间电压和电流的初始值。

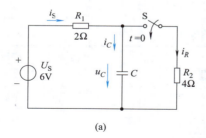 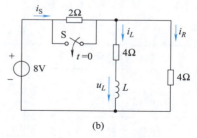

图 4.20　计算题 1 电路图

2. 如图 4.21 所示电路中，已知 $E=20V$，$R=5k\Omega$，$C=100\mu F$，设电容初始储能为零。试求：①电路的时间常数 τ；②开关 S 闭合后初始瞬间的电流 i、各元件的电压 u_C 和 u_R，并作出它们的变化曲线；③计算经过一个时间常数后的电容电压值。

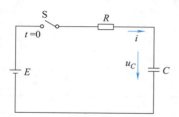

图 4.21　计算题 2 电路图

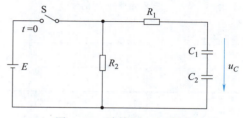

图 4.22　计算题 3 电路图

3. 如图 4.22 所示电路中，$E=40V$，$R_1=R_2=2k\Omega$，$C_1=C_2=10\mu F$，电容元件原先均未储能。试求开关 S 闭合后，电容元件两端的电压 $u_C(t)$。

学习情境五 ▶▶

正弦交流电路

教学内容（思维导图）

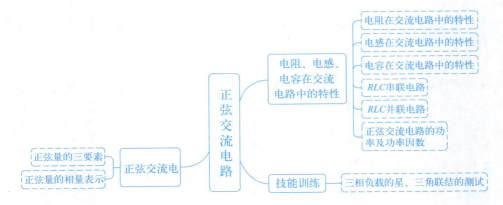

教学目标

知识目标

1. 掌握正弦交流电的三要素（幅值、频率、初相位）及电阻、电感、电容（RLC）在交流电路中的电压-电流特性。

2. 理解正弦量的相量表示法及复数运算规则。

3. 分析 RLC 串、并联电路的阻抗、相位关系及功率特性。

能力目标

能利用相量表示法与复数法运算计算 RLC 串、并联电路的参数。

素质目标

培养严谨的工程思维，理解正弦交流电在电力系统中的核心地位。

模块 1　正弦交流电

知识 1　正弦量的三要素

　　正弦交流电的电流、电压均属于正弦量，遵循正弦函数变化规律。典型的正弦交流电流（图 5.1）可表示为

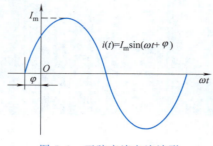

图 5.1　正弦交流电流波形

$$i = I_\mathrm{m}\sin(\omega t + \varphi) \tag{5-1}$$

式中，i 为正弦交流电流的瞬时值；I_m 为交流电流的幅值（最大值）；ω 为角频率；φ 为初相角。i 由 I_m、ω、φ 三个参数共同决定，这三个参数是区分不同正弦量的关键特征量，因此将幅值、角频率、初相角称为正弦交流电的三要素。

1. 频率与周期

周期性正弦量完成一次完整振荡所需的时间定义为周期，用 T 表示，单位为秒（s）；单位时间（1s）内的振荡次数定义为频率，用 f 表示，单位为赫兹（Hz）。T 与 f 满足倒数关系。

$$f = \frac{1}{T} \tag{5-2}$$

正弦量变化速率除用周期和频率表示外，还可用角频率 ω 表示，单位为弧度/秒（rad/s）。

$$\omega = 2\pi f \tag{5-3}$$

我国和世界上大多数国家的电力系统的额定频率设定为 50Hz（美日等少数国家采用 60Hz），该频率在工业领域应用最为普遍，称为工频（工业频率）。工频 50Hz 对应的 T 和 ω 分别为 0.02s 和 314rad/s。

2. 幅值与有效值

正弦量的瞬时量的值定义为瞬时值，遵循小写字母参数符号体系（如 i 表示瞬时电流，u 表示瞬时电压）。各瞬时参数波动峰值为幅值（最大值），采用带下标 m 的大写字母表示（如 I_m 表示电流幅值，U_m 表示电压幅值）。

正弦交流电路中，核心参量表示体系采用有效值作为基准量。其物理定义基于等效热效应原理：当周期电流 i 在周期 T 内通过电阻 R 产生的热能，与某直流电流 I 在相同时间内产生的热能相等时，定义该直流电流值为周期电流的有效值，有效值统一采用大写字母符号体系（如 I 表示电流有效值）。

对于正弦交流电流

$$i(t) = I_\mathrm{m}\sin(\omega t + \varphi)$$

根据以上所述可得

$$\int_0^T i^2 R\,\mathrm{d}t = I^2 RT$$

周期电流 i 的有效值为

$$I = \sqrt{\frac{1}{T}\int_0^T i^2\,\mathrm{d}t}$$

化简可得

$$I = \sqrt{\frac{1}{T}\int_0^T I_\mathrm{m}^2\sin^2(\omega t + \varphi)\,\mathrm{d}t} = \sqrt{\frac{I_\mathrm{m}^2}{T}\int_0^T\left[\frac{1}{2} - \frac{\cos 2(\omega t + \varphi)}{2}\right]\mathrm{d}t} = \frac{I_\mathrm{m}}{\sqrt{2}}$$

正弦交流电流 i 的有效值 I 可表示为

$$I = \frac{I_m}{\sqrt{2}} \qquad\qquad (5\text{-}4)$$

同理可得正弦交流电压的有效值为

$$U = \frac{U_m}{\sqrt{2}} \qquad\qquad (5\text{-}5)$$

工业标准中，正弦电量的标称参数均指有效值。例如 380V 或 220V 交流电压，其有效值对应的峰值电压分别为 537V 与 311V。电气设备技术参数（如铭牌数据）中的电压、电流值均采用有效值标注体系。

3. 初相位

式（5-1）中，$\omega t + \varphi$ 称为正弦量的相位角，简称相位，表示正弦量的时间进程。当 $t=0$ 时，φ 称为初相位，它决定了正弦量的初始相位基准点。初相位 φ 的取值直接影响 $t=0$ 时刻的瞬时值；当 $\varphi=0$ 时，初始量的值为零。

两个频率相同的正弦量的相位角之差或初相位之差，称为相位差。不同频率的两个正弦量之间不能进行相位比较。同一正弦交流电路中，电压 u_1 和电压 u_2 的频率是相同的，但初相位不一定相同，图 5.2 是两个相位不同的正弦量的波形图，u_1 比 u_2 的相位超前。

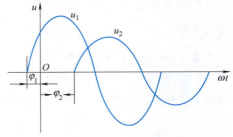

图 5.2　相位不同的电压信号

图 5.2 中，电压 u_1 和 u_2 的初相位分别为 φ_1 和 φ_2，相位差为

$$\varphi_{12} = (\omega t + \varphi_1) - (\omega t + \varphi_2) = \varphi_1 - \varphi_2 \qquad (5\text{-}6)$$

讨论两个同频率正弦量的相位差时：

① 当 $\varphi_{12} > 0$，称第一个正弦量的相位比第二个正弦量超前 φ_{12}；

② 当 $\varphi_{12} < 0$，称第一个正弦量的相位比第二个正弦量滞后 φ_{12}；

③ 当 $\varphi_{12} = 0$，称第一个正弦量与第二个正弦量同相；

④ 当 $\varphi_{12} = \pm 90°$，称第一个正弦量与第二个正弦量正交；

⑤ 当 $\varphi_{12} = \pm 180°$，称第一个正弦量与第二个正弦量反相。

【例 5.1】　已知两个正弦交流电流 $i_1(t) = 10\sin(\omega t + 60°)$A，$i_2(t) = 8\sin(\omega t + 45°)$A，求两者之间的相位差 φ_{12}。

解：由已知条件可得 $\varphi_1 = 60°$，$\varphi_2 = 45°$

因为 i_1 和 i_2 两个正弦量的频率相同，所以相位差

$$\varphi_{12} = \varphi_1 - \varphi_2 = 60° - 45° = 15°$$

【例 5.2】　某电路电压 $u = 141\sin(314t + \pi/4)$V，该电压的角频率、频率、周期、幅值、有效值、初相位分别为多少？

解：

$$\omega = 314\text{rad/s}$$

$$f = \frac{\omega}{2\pi} = \frac{314}{2 \times 3.14} = 50 \ (\text{Hz})$$

$$T = \frac{1}{f} = \frac{1}{50} = 0.02 \ (\text{s})$$

$$U_m = 141\text{V}$$

$$U = \frac{U_m}{\sqrt{2}} = \frac{141}{1.41} = 100 \ (\text{V})$$

$$\varphi = \frac{\pi}{4}$$

知识 2　正弦量的相量表示

正弦量可采用三角函数解析式或波形图表示。解析式虽能精确描述参数关系，但运算效率较低；波形图具有直观性，但难以进行定量分析。因此，工程实践中普遍采用相量法进行正弦量建模，通过复数运算大幅简化电路分析过程。

正弦量可用复数表示，表示正弦量的复数称为相量。为了加以区分，在大写字母上加"·"表示相量，用最大值作为相量的模称为最大值相量表示法，比如 $\dot{I}_m$ 表示电流最大值相量，$\dot{U}_m$ 表示电压最大值相量；用有效值作为相量的模称为有效值相量表示法，比如 $\dot{I}$ 表示电流有效值相量，$\dot{U}$ 表示电压有效值相量。对于以下正弦量

$$u = 10\sqrt{2}\sin(\omega t + 60°)\text{V}, \ i = 10\sqrt{2}\sin(\omega t)\text{A}$$

它们的最大值相量如图 5.3 所示，有效值相量如图 5.4 所示。其中

$$\dot{U}_m = 10\sqrt{2}\angle 60°\text{V}, \dot{I}_m = 10\sqrt{2}\angle 0°\text{A}$$

$$\dot{U} = \frac{10\sqrt{2}}{\sqrt{2}}\angle 60°\text{V} = 10\angle 60°\text{V}, \dot{I} = \frac{10\sqrt{2}}{\sqrt{2}}\angle 0°\text{V} = 10\angle 0°\text{A}$$

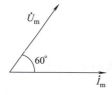

图 5.3　最大值相量

图 5.4　有效值相量

1. 正弦量相量的表示形式（图 5.5）

① 代数形式：$\dot{A} = a + jb$

② 三角函数形式：$\dot{A} = r\cos\varphi + jr\sin\varphi$

③ 极坐标形式：$\dot{A} = r\angle\varphi$

④ 指数形式：$\dot{A} = re^{j\varphi}$

式中，a 和 b 分别为 $\dot{A}$ 的实部和虚部；r 和 φ 分别为 $\dot{A}$ 的模和辐角。转换关系为

$$a = r\cos\varphi, \ b = r\sin\varphi, \ r = \sqrt{a^2 + b^2}, \ \varphi = \arctan\frac{b}{a}$$

在电工学中，一般用字母 i 表示电流，为了避免混淆，通常用 j 表示复数的虚单位，$j^2 = -1$。

在复平面坐标系中，相量的几何表示称为相量图。相量法应用条件如下：

① 仅适用于同频率相量的表示；

② 非正弦周期量无法通过相量法建模分析；

③ 同一相量图内仅限同频正弦量叠加运算。

【例 5.3】 结合正弦量相量的表示形式，写出电压 $u=60\sqrt{2}\sin(\omega t+45°)$ V 对应的有效值相量。

解： 对应的有效值相量有三种形式，分别是代数形式、极坐标形式和指数形式：

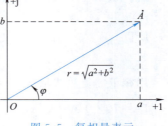

图 5.5 复相量表示

$$\dot{U}=60(\cos45°+j\sin45°)=30\sqrt{2}(1+j)\,\text{V}；$$

$$\dot{U}=60\angle45°\text{V}；$$

$$\dot{U}=60e^{j45°}\text{V}。$$

2. 相量的运算

（1）相量加减法运算

如果

$$\dot{A}_1=a_1+jb_1,\dot{A}_2=a_2+jb_2$$

那么

$$\dot{A}_1\pm\dot{A}_2=(a_1+jb_1)\pm(a_2+jb_2)=(a_1\pm a_2)+j(b_1\pm b_2)$$

两个相量的加减法也可通过相量图进行运算，如图 5.6 和图 5.7 所示。

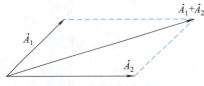

图 5.6 相量加法运算

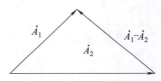

图 5.7 相量减法运算

（2）相量乘除法运算

如果

$$\dot{A}_1=r_1\angle\varphi_1,\dot{A}_2=r_2\angle\varphi_2$$

那么

$$\dot{A}_1\cdot\dot{A}_2=r_1\angle\varphi_1\cdot r_2\angle\varphi_2=r_1r_2\angle(\varphi_1+\varphi_2)，$$

$$\dot{A}_1/\dot{A}_2=r_1\angle\varphi_1/r_2\angle\varphi_2=r_1/r_2\angle(\varphi_1-\varphi_2)$$

【例 5.4】 已知同频率的相量 $\dot{U}=3+j4$ V、$\dot{I}_1=6+j6$ A，$\dot{I}_2=2-j2$ A，分别求 $\dot{I}_1+\dot{I}_2$，$\dot{I}_1-\dot{I}_2$，$\dot{U}\cdot\dot{I}_1$，$\dot{U}/\dot{I}_1$。

解： $\dot{I}_1+\dot{I}_2=(6+j6)+(2-j2)=(6+2)+j(6-2)=8+j4$（A）

$\dot{I}_1-\dot{I}_2=(6+j6)-(2-j2)=4+j8$（A）

$\dot{U}=3+j4=5\angle53.1°$（V），$\dot{I}_1=6+j6=8.49\angle45°$（V）

$\dot{U}\cdot\dot{I}_1=5\angle53.1°\times8.49\angle45°=42.45\angle(53.1°+45°)=42.45\angle98.1°$（W）

$\dot{U}/\dot{I}_1=5\angle53.1°/8.49\angle45°=0.59\angle(53.1°-45°)=0.59\angle8.1°$（Ω）

【例 5.5】 图 5.8 所示电路中，已知 $i_1=10\sqrt{2}\sin(314t)$ A，$i_2=10\sqrt{2}\sin(314t+90°)$ A 用相量法求总电流 i 并作出相量图。

解： 根据基尔霍夫电流定律

$$i=i_1+i_2$$

所以

$$\dot{I}=\dot{I}_1+\dot{I}_2$$

用相量的复数式求解

$$\dot{I}_1=10\angle 0°A=10A$$

$$\dot{I}_2=10\angle 90°A=j10A$$

$$\dot{I}=\dot{I}_1+\dot{I}_2=10+j10=10\sqrt{2}\angle 45°\text{（A）}$$

所以

$$\dot{I}=10\sqrt{2}\sin(314t+45°)A$$

相量图如图 5.9 所示。

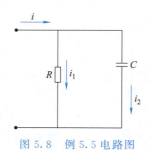

图 5.8　例 5.5 电路图

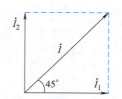

图 5.9　电流 I 的相量图

模块 2　电阻、电感、电容在交流电路中的特性

知识 1　正弦交流电路中的元件特性

电阻在交流
电路中的特性

正弦交流电路一般由电压源、电流源及三类基本元件构成。三类基本元件包括电阻、电感与电容，这些元件共同构成电路分析的核心参数体系。

1. 电阻元件在交流电路中的特性

（1）电压与电流的关系

如图 5.10（a）所示电阻电路中，若加在电阻 R 两端的电压为

$$u_R=U_{Rm}\sin(\omega t)$$

由欧姆定律可知，通过电阻 R 的电流为

$$i_R=\frac{u_R}{R}=\frac{U_{Rm}\sin(\omega t)}{R}=I_{Rm}\sin(\omega t)$$

$$I_{Rm}=\frac{U_{Rm}}{R}$$

用相量表示为

$$\dot{U}_{Rm}=U_{Rm}\angle 0°$$

$$\dot{I}_{Rm}=\frac{\dot{U}_{Rm}}{R}=I_{Rm}\angle 0°$$

电阻两端电压最大值相量

$$\dot{U}_{Rm}=\dot{I}_{Rm}R$$

同理，电阻两端电压有效值相量

$$\dot{U}_{R}=\dot{I}_{R}R$$

电压与电流有效值之间的关系为

$$I=\frac{I_{Rm}}{\sqrt{2}}=\frac{U_{Rm}/R}{\sqrt{2}}=\frac{U_{Rm}/\sqrt{2}}{R}=\frac{U_{R}}{R} \tag{5-7}$$

通过以上分析可知，在交流电路中，电阻的电压与电流关系为：

① 电压与电流的频率相同；

② 电压与电流的相位相同；

③ 电流值等于电阻两端电压值与电阻值的比值。

电压和电流的波形及相量图如图 5.10（b）、（c）所示。

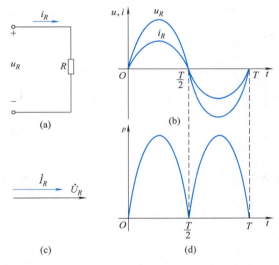

(a)　(b)　(c)　(d)

图 5.10　电阻元件的电压、电流波形图，相量图，功率波形图

（2）瞬时功率

电阻在通过交流电时所产生的功率是随时间变化的，某一时刻所产生的功率称为瞬时功率，其定义为电压瞬时值与电流瞬时值的乘积，用小写字母 p 表示。电阻 R 的瞬时功率为

$$p_{R}=u_{R}i_{R}=U_{Rm}\sin(\omega t)I_{Rm}\sin(\omega t)=U_{Rm}I_{Rm}\sin^{2}(\omega t)=U_{R}I_{R}[1-\cos(2\omega t)]$$

$$\tag{5-8}$$

电阻的瞬时功率波形如图 5.10（d）所示。任一瞬间 $p_{R}\geqslant0$，这表明任意时刻电阻消耗的电能不为负，所以电阻是耗能元件，它从电源吸收电能并将其转化为热能。

（3）平均功率

电路中的平均功率通常指一个周期内瞬时功率的平均值，也称为有功功率，其采用大写符号 P 表示，单位为瓦特（W），反映了电路系统有效的能量转换速率。电阻的平

均功率为

$$P_R = \frac{1}{T}\int_0^T U_R I_R [1-\cos(2\omega t)]\mathrm{d}t = U_R I_R = I_R^2 R = \frac{U_R^2}{R} \tag{5-9}$$

【例 5.6】 将一阻值为 20Ω 的电阻接入交流电源中，$u=100\sqrt{2}\sin(314t+30°)\mathrm{V}$，求：①通过该电阻的电流瞬时值 i_R、有效值 I_R 以及电阻上的平均功率 P_R；②若电压角频率由 314rad/s 变为 3140rad/s，对电流有效值及平均功率 P_R 有何影响？

解：①电流瞬时值

$$i_R = \frac{u}{R} = 5\sqrt{2}\sin(314t+30°)\mathrm{A}$$

电流有效值

$$I_R = \frac{i_{Rm}}{\sqrt{2}} = \frac{5\sqrt{2}}{\sqrt{2}} = 5 \ (\mathrm{A})$$

电压有效值

$$U_R = \frac{u_{Rm}}{\sqrt{2}} = \frac{100\sqrt{2}}{\sqrt{2}} = 100 \ (\mathrm{V})$$

电阻上的平均功率

$$P_R = U_R I_R = 100\times5 = 500 \ (\mathrm{W})$$

② 由于电阻的阻值与频率无关，所以当角频率发生改变时，电流有效值及平均功率 P_R 均不变。

2. 电感元件在交流电路中的特性

电感在交流电路中的特性

（1）电压与电流的关系

当电感 L 的线圈中通过交变电流 i_L 时，如图 5.11（a）所示，在线圈中引起自感电动势 e_L，设电流 i_L 为

$$i_L = I_{Lm}\sin(\omega t)$$

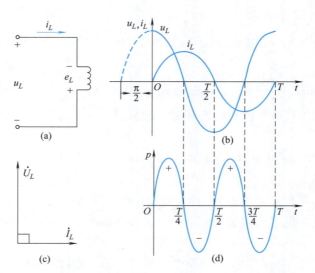

图 5.11 电感元件的电压、电流波形图，相量图，功率波形图

则

$$e_L = -L\frac{\mathrm{d}i_L}{\mathrm{d}t} = -L\frac{\mathrm{d}[I_{Lm}\sin(\omega t)]}{\mathrm{d}t} = \omega L I_{Lm}\sin(\omega t - 90°) = E_{Lm}\sin(\omega t - 90°)$$

电感电压为

$$u_L = -e_L = -E_{Lm}\sin(\omega t - 90°) = U_{Lm}\sin(\omega t + 90°) = U_{Lm}\cos(\omega t) \qquad (5\text{-}10)$$

式（5-10）中

$$E_{Lm} = U_{Lm} = \omega L I_{Lm}$$

用相量表示为

$$\dot{I}_{Lm} = I_{Lm}\angle 0°$$

$$\dot{U}_{Lm} = U_{Lm}\angle 90° = \omega L I_{Lm}\angle 90° = j\omega L I_{Lm}\angle 0° = j\omega L \dot{I}_{Lm}$$

同理可得，有效值相量满足

$$\dot{U}_L = j\omega L \dot{I}_L$$

电感的电压、电流波形以及相量图分别如图 5.11（b）、(c) 所示。

令

$$X_L = \omega L = 2\pi f L \qquad (5\text{-}11)$$

有效值相量可表示为

$$\dot{U}_L = j X_L \dot{I}_L \qquad (5\text{-}12)$$

电感的电压、电流有效值满足

$$U_L = X_L I_L, \quad I_L = \frac{U_L}{X_L} \qquad (5\text{-}13)$$

式（5-13）为电感的伏安特性，X_L 称为电感抗，简称感抗，单位欧姆（Ω）。感抗 X_L 是描述电感对交流电流阻碍能力的物理量，与电阻的阻值类似，但也有不同。X_L 不仅与电感自身的电感量 L 有关，还与交流电流的角频率 ω 有关。对同一个电感，由式（5-11）可知，ω 越大，感抗越大，对电流的阻碍能力越强；反之，ω 越小，感抗越小，对电流的阻碍能力越弱。对于直流电路，$\omega = 0$，$X_L = 0$，电感可等效为短路，故电感具有通直流阻交流的特性。

通过以上分析可知，在交流电路中，电感的电压与电流关系为：

① 电压与电流的频率相同；

② 电压相位超前电流 $90°$；

③ 电流值等于电感两端电压值与感抗的比值。

（2）瞬时功率

在正弦交流电路中，电感的瞬时功率为

$$p_L = u_L i_L = U_{Lm}\cos(\omega t) I_{Lm}\sin(\omega t) = \frac{1}{2}U_{Lm}I_{Lm}\sin(2\omega t) = U_L I_L \sin(2\omega t) \quad (5\text{-}14)$$

瞬时功率平均值（平均功率）为

$$P_L = \frac{1}{T}\int_0^T p_L \mathrm{d}t = \frac{1}{T}\int_0^T U_L I_L \sin(2\omega t)\mathrm{d}t = 0 \qquad (5\text{-}15)$$

电感的瞬时功率波形如图 5.11（d）所示。在第一和第三个 1/4 周期中，电感处于充电状态，功率为正，从电源吸收电能并转化为磁场能，流过电感的电流绝对值从 0 增

加到最大值 I_{Lm}，磁场建立并逐渐增强，磁场能由 0 增加到最大值。电感储存磁场能的大小为

$$W_L = \frac{1}{2}Li_L^2 \tag{5-16}$$

在第二和第四个 1/4 周期中，电感的功率为负，电感向电路回馈能量，磁能转换为电能，通过电感的电流由最大值 I_{Lm} 逐渐减小至 0，最终磁场消失，磁场能变为 0。结合式（5-15）可知，电感不消耗能量，只与电源进行能量交换，所以电感是储能元件。电感与电源交换能量的快慢可用瞬时功率的最大值 $U_L I_L$ 表示，称为无功功率，记为 Q_L。无功功率的单位为乏尔（var），简称乏。

$$Q_L = U_L I_L = I_L^2 X_L \tag{5-17}$$

【例 5.7】 将 $L = 0.1$H 的电感接在 $u = 311\sin(314t + 60°)$ V 的交流电源上，忽略电感线圈的内阻，求：①电感线圈的感抗 X_L；②通过电感线圈的有效电流 I_L；③电流的瞬时值 i_L；④无功功率 Q_L。

解： ① 电感线圈的感抗为

$$X_L = \omega L = 314 \times 0.1 = 31.4 \ (\Omega)$$

② 电路的电流最大值为

$$I_m = \frac{U_m}{X_L} = \frac{311}{31.4} = 9.9 \ (A)$$

通过电感线圈的电流为

$$I_L = \frac{I_m}{\sqrt{2}} = \frac{9.9}{\sqrt{2}} = 7 \ (A)$$

③ 在电感中，电压相位超前电流 90°，即 $\varphi_u - \varphi_i = 90°$，所以

$$\varphi_i = \varphi_u - 90° = 60° - 90° = -30°$$

$$i_L = I_m \sin(\omega t + \varphi_i) = 9.9\sin(314t - 30°) A$$

④ 无功功率

$$Q_L = U_L I_L = \frac{311}{\sqrt{2}} \times 7 = 1539.58 \ (var)$$

电容在交流
电路中的特性

3. 电容元件在交流电路中的特性

（1）电压与电流的关系

在图 5.12（a）中，设电容两端的电压为

$$u_C = U_{Cm}\sin(\omega t)$$

由电容的定义 $C = \frac{Q}{U}$ 及电流的定义 $i = \frac{dq}{dt}$ 可得

$$i_C = C\frac{du_C}{dt} = C\frac{d[U_{Cm}\sin(\omega t)]}{dt} = U_{Cm}\omega C\sin(\omega t + 90°) = I_{Cm}\sin(\omega t + 90°) = I_{Cm}\cos(\omega t) \tag{5-18}$$

式中

$$I_{Cm} = \omega C U_{Cm}$$

用相量表示为

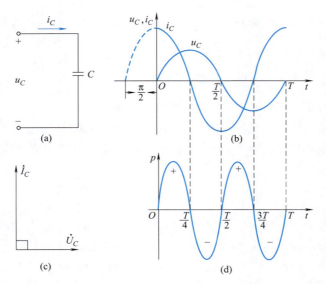

图 5.12　电容元件的电压、电流波形图，相量图，功率波形图

$$\dot{U}_{Cm} = U_{Cm}\angle 0°$$

$$\dot{I}_{Cm} = I_{Cm}\angle 90° = \omega C U_{Cm}\angle 90° = j\omega C U_{Cm}\angle 0° = j\omega C \dot{U}_{Cm}$$

同理可得有效值相量满足

$$\dot{I}_C = j\omega C \dot{U}_C$$

电容的电压、电流波形图及相量图分别如图 5.12（b）、（c）所示。电容中的电流与电压相位不同，电流相位超前电压 90°。

令

$$X_C = \frac{1}{\omega C} = \frac{1}{2\pi f C} \tag{5-19}$$

则

$$\dot{U}_C = -jX_C\dot{I}_C，\ \dot{I}_C = \frac{\dot{U}_C}{-jX_C}，\ I_C = \frac{U_C}{X_C} \tag{5-20}$$

式中，X_C 称为电容的容抗，是描述电容对电流阻碍能力的物理量，单位为欧姆（Ω）。

由式（5-19）可知，容抗的大小与电容量和电源频率相关，对同一个电容而言，ω 越大，容抗越小，对电流的阻碍能力越弱；反之，ω 越小，容抗越大，对电流的阻碍能力越强。对于直流电路，$\omega = 0$，$X_C = \infty$，电容可视为开路，这就是电容的"隔直通交"特性。

通过以上分析可知，在交流电路中，电容的电压与电流关系为：

① 电压与电流的频率相同；

② 电压相位滞后电流 90°；

③ 电流等于电容两端电压与容抗的比值。

（2）瞬时功率

在正弦交流电路中，电容的瞬时功率为

$$p_C = u_C i_C = U_{Cm}\sin(\omega t)I_{Cm}\cos(\omega t) = \frac{1}{2}U_{Cm}I_{Cm}\sin(2\omega t) = U_C I_C\sin(2\omega t) \quad (5\text{-}21)$$

平均功率为

$$P_C = \frac{1}{T}\int_0^T p_C \,\mathrm{d}t = \frac{1}{T}\int_0^T U_C I_C\sin(2\omega t)\,\mathrm{d}t = 0 \quad (5\text{-}22)$$

电容的瞬时功率波形如图 5.12（d）所示。在第一和第三个 1/4 周期，电容处于充电状态，功率为正，从电源吸收电能并转化为电场能，电容两端电压的绝对值从 0 增加到最大值 U_{Cm}，电场建立并逐渐增强，电场能由 0 增加到最大值。电容储存电场能的大小为

$$W_C = \frac{1}{2}C u_C^2 \quad (5\text{-}23)$$

在第二和第四个 1/4 周期中，电容的功率为负，电容处于放电状态，向电路回馈能量，电场能转换为电能，电容电压由最大值 U_{Cm} 逐渐减小至 0，最终电场消失，电场能变为 0。结合式（5-22）可知，电容不消耗能量，只与电源进行能量交换，所以电容也是储能元件。电容与电源交换能量的快慢可用瞬时功率的最大值 $U_C I_C$ 表示，称为无功功率，记为 Q_C。无功功率的单位为乏尔（var），简称乏。

$$Q_C = U_C I_C = I_C^2 X_C \quad (5\text{-}24)$$

【例 5.8】 已知电容 $C = 50\mu F$，接在 $u = 20\sqrt{2}\sin(100t - 30°)\text{V}$ 的交流电源上，求容抗 X_C、电流有效值 I_C 以及无功功率 Q_C？

解：$X_C = \dfrac{1}{\omega C} = \dfrac{1}{100 \times 50 \times 10^{-6}} = 200$（$\Omega$）

$\dot{U}_{Cm} = 20\sqrt{2}\angle -30°\text{V}$

$\dot{U}_C = \dfrac{\dot{U}_{Cm}}{\sqrt{2}} = 20\angle -30°\text{V}$

$\dot{I}_C = \dfrac{\dot{U}_C}{-jX_C} = \dfrac{20\angle -30°}{200\angle -90°} = 0.1\angle 60°$（A）

$I_C = 0.1\text{A}$

$Q_C = U_C I_C = 20 \times 0.1 = 2$（var）

知识 2　RLC 电路

实际电路中的元件连接拓扑虽具有复杂性，但均可等效分解为串联或并联的基础结构。本章重点解析电阻、电感、电容的串、并联电路模型，为后续分析复杂交流电路奠定基础。

1. RLC 串联电路

（1）RLC 串联电路分析

如图 5.13（a）所示，R、L、C 串联，设串联电路的电流为

$$i = I_m\sin(\omega t)$$

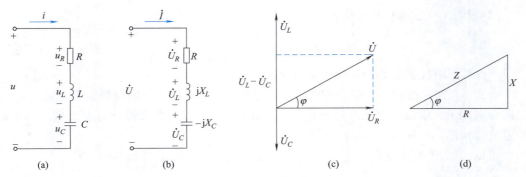

图 5.13　RLC 串联电路

设各元件的电压分别为 u_R、u_L、u_C，串联电路总电压为 u，则

$$u_R = iR = I_m R \sin(\omega t)$$

$$u_L = L\frac{\mathrm{d}i}{\mathrm{d}t} = L\frac{\mathrm{d}[I_m \sin(\omega t)]}{\mathrm{d}t} = \omega L I_m \sin(\omega t + 90°)$$

$$u_C = \frac{1}{C}\int i\,\mathrm{d}t = \frac{1}{C}\int I_m \sin(\omega t)\,\mathrm{d}t = -\frac{I_m}{\omega C}\cos(\omega t) = \frac{I_m}{\omega C}\sin(\omega t - 90°)$$

由基尔霍夫电压定理可得

$$u = u_R + u_L + u_C$$

相量形式为

$$\dot{U} = \dot{U}_R + \dot{U}_L + \dot{U}_C$$

相量形式的 RLC 串联电路如图 5.13（b）所示。

$$\dot{U} = \dot{I}R + \mathrm{j}X_L\dot{I} + (-\mathrm{j}X_C)\dot{I} = \dot{I}[R + \mathrm{j}(X_L - X_C)]$$

令

$$X = X_L - X_C$$
$$Z = R + \mathrm{j}(X_L - X_C) = R + \mathrm{j}X \tag{5-25}$$

则

$$\dot{U} = \dot{I}Z,\ \dot{I} = \frac{\dot{U}}{Z} \tag{5-26}$$

式（5-25）中，X 为电抗，X_L 为感抗，X_C 为容抗；式（5-26）中，Z 称为复数阻抗，简称阻抗，单位为欧姆（Ω）。RLC 串联电路的相量图如图 5.13（c）所示。习惯上将式（5-26）称为相量形式的欧姆定律。

根据式（5-26），用相量图法求电压 $\dot{U}$，如图 5.13（c）所示，以电流 $\dot{I}$ 为参考相量，由于 R 上的电压与电流同相，L 上的电压超前电流 90°，C 上的电压滞后电流 90°，所以 L 与 C 上的电压相位反相。先将 L 与 C 上的电压相量进行加法运算，然后再与 R 上的电压相量进行矢量加法运算，最终可得到 RLC 串联电路总电压 U 的相量。

U_R、$U_L - U_C$、U 组成的直角三角形称为电压三角形，U 为斜边，U_R 和 $U_L - U_C$ 为直角边，所以

$$U = \sqrt{U_R^2 + (U_L - U_C)^2} = \sqrt{(RI)^2 + [(X_L - X_C)I]^2} = I\sqrt{R^2 + (X_L - X_C)^2} = I\,|Z| \tag{5-27}$$

总电压 $\dot U$ 与电流 $\dot I$ 的相位差为

$$\varphi=\arctan\frac{U_L-U_C}{U_R} \tag{5-28}$$

φ 也称为阻抗 Z 的辐角，简称阻抗角。

由式（5-27）可知，只要计算出电路的总阻抗，便可由电路的电流确定总电压或由电路总电压求出电流。电压三角形的每条边都除以电流 I，即可得到由 R、X、Z 组成的阻抗三角形，如图 5.13（d）所示。

所以，RLC 串联电路的总电压 $\dot U$ 与电流 $\dot I$ 的相位差也可表示为

$$\varphi=\arctan\frac{X_L-X_C}{R}=\arctan\frac{X}{R} \tag{5-29}$$

阻抗 Z 的模为

$$|Z|=\sqrt{R^2+X^2}=\sqrt{R^2+(X_L-X_C)^2} \tag{5-30}$$

下面讨论电路中不同参数对电路性质的影响。由式（5-29）可知：

① 当 $X_L>X_C$ 时，$\varphi>0$，总电压超前于电流 φ 角，电路呈感性，如图 5.14（a）所示。

② 当 $X_L<X_C$ 时，$\varphi<0$，总电压滞后于电流 φ 角，电路呈容性，如图 5.14（b）所示。

③ 当 $X_L=X_C$ 时，$\varphi=0$，总电压与电流同相，电路呈纯电阻性，如图 5.14（c）所示。

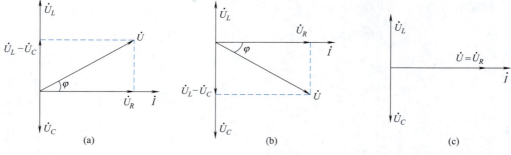

图 5.14　RLC 串联电路相量图

由上述分析可知，在 RLC 串联电路中，若电源频率不变，可以通过改变电路参数（改变 L 或 C）来改变电路性质；同理，若电路参数保持不变，也可通过改变电源频率来改变电路性质。

【例 5.9】　RLC 串联电路中，$R=30\Omega$，$L=255\text{mH}$，$C=26.5\mu\text{F}$，$u=220\sqrt2\sin(314t+25°)\text{V}$。求：①感抗 X_L、容抗 X_C 和阻抗模 $|Z|$，判断电路性质；②电流的有效值 I 和瞬时表达式 i；③电阻 R、电感 L、电容 C 两端电压的有效值 U_R、U_L、U_C。

解：①

$$X_L=\omega L=314\times255\times10^{-3}=80 \ （\Omega）$$

$$X_C=\frac{1}{\omega C}=\frac{1}{314\times26.5\times10^{-6}}=120 \ （\Omega）$$

$$|Z| = \sqrt{R^2 + (X_L - X_C)^2} = \sqrt{30^2 + (80-120)^2} = 50 \ (\Omega)$$

因为 $X_L < X_C$，所以电路呈容性。

②

$$I = \frac{U}{|Z|} = \frac{U_m}{\sqrt{2}|Z|} = \frac{220\sqrt{2}}{\sqrt{2} \times 50} = 4.4 (A)$$

$$\varphi = \arctan\left(\frac{X_L - X_C}{R}\right) = \arctan\left(\frac{80-120}{30}\right) = -53.1°$$

即电流超前电压 53.1°。

$$i = 4.4\sqrt{2}\sin(314t + 25° + 53.1°) = 4.4\sqrt{2}\sin(314t + 78.1°) A$$

③

$$U_R = IR = 4.4 \times 30 = 132 \ (V)$$

$$U_L = IX_L = 4.4 \times 80 = 352 \ (V)$$

$$U_C = IX_C = 4.4 \times 120 = 528 \ (V)$$

（2）RLC 串联谐振电路

如图 5.15 所示，在 RLC 二端网络中，当端口电压与电流参考方向一致且相位差 $\varphi = 0$ 时，电路进入谐振状态。谐振条件为感抗与容抗模值相等，即 $X_L = X_C$，此时总电抗 $X = 0$，电路呈现纯电阻性，电路总阻抗 $Z = R$。该特性在无线电调谐及滤波器中具有重要应用价值。

电路发生串联谐振时

$$X_L = X_C$$

即

$$\omega_0 L = \frac{1}{\omega_0 C}$$

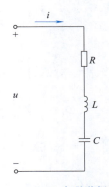

图 5.15 RLC 串联谐振电路

谐振角频率

$$\omega_0 = \sqrt{\frac{1}{LC}} \tag{5-31}$$

谐振频率

$$f_0 = \frac{1}{2\pi\sqrt{LC}} \tag{5-32}$$

电路发生 RLC 串联谐振时有以下几个特点：

① 电路呈电阻性，电路总电压与电流方向同相。

② 电路的阻抗模值最小，电流达到最大值。

$$|Z| = \sqrt{R^2 + (X_L - X_C)^2} = \sqrt{R^2 + \left(\omega L - \frac{1}{\omega C}\right)^2} \tag{5-33}$$

$$I = \frac{U}{|Z|}$$

③ 谐振时，$U_L = U_C$ 且 $\dot{U}_L = -\dot{U}_C$，如图 5.16 所示，即电感、电容的电压大小相等、方向相反，相互抵消，对整个电路不起作用，$\dot{U} = \dot{I}R$，但此时 U_L、U_C 并不为 0。

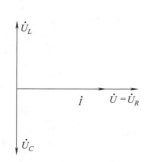

图 5.16 谐振电路相量图

$$U_L = X_L I = X_L \frac{U}{R}$$

$$U_C = X_C I = X_C \frac{U}{R}$$

④ 谐振时，U_L、U_C 与 U 的比值称为电路的品质因数 Q。

$$Q = \frac{U_L}{U} = \frac{U_C}{U} = \frac{\omega_0 L}{R} = \frac{1}{\omega_0 CR} \quad (5.34)$$

⑤ 谐振时，电源的电能仅由电阻消耗，电源与电路没有能量交换，而电容与电感之间则以恒定的总能量发生磁场能与电场能的转换。

【例 5.10】 收音机的调谐回路可以简化为 RLC 串联电路，已知 $L = 200\mu H$，$R = 20\Omega$，若要接收频率范围为 $535\sim1605kHz$ 的信号，那么电容 C 的容量范围应该是什么？

解： RLC 电路发生谐振时

$$f = \frac{1}{2\pi\sqrt{LC}}$$

所以电容为

$$C = \frac{1}{(2\pi f)^2 L}$$

当 $f_1 = 535kHz$，电路发生谐振时，对应的电容 C_1 为

$$C_1 = \frac{1}{(2\pi f_1)^2 L} = \frac{1}{(2\times3.14\times535\times10^3)^2\times200\times10^{-6}} = 443 \text{（pF）}$$

当 $f_2 = 1605kHz$，电路发生谐振时，对应的电容 C_2 为

$$C_2 = \frac{1}{(2\pi f_1)^2 L} = \frac{1}{(2\times3.14\times1605\times10^3)^2\times200\times10^{-6}} = 49.2 \text{（pF）}$$

所以电容 C 的容量范围为 $49.2\sim443pF$。

2. RLC 并联电路

(1) RLC 并联电路分析

如图 5.17 （a）所示，电阻 R、电感 L、电容 C 并联，设并联电路的电压为

$$u = U_m \sin(\omega t)$$

设流过电阻、电感、电容的电流分别为 i_R、i_L、i_C，并联电路总电流为 i，则

$$i_R = \frac{u}{R} = \frac{U_m}{R}\sin(\omega t)$$

$$i_L = \frac{1}{L}\int u\,dt = \frac{1}{L}\int U_m \sin(\omega t)\,dt = -\frac{U_m}{\omega L}\cos(\omega t) = \frac{U_m}{\omega L}\sin(\omega t - 90°)$$

$$i_C = C\frac{du}{dt} = C\frac{d[U_m\sin(\omega t)]}{dt} = \omega C U_m \cos(\omega t) = \omega C U_m \sin(\omega t + 90°)$$

由上述 i_R、i_L、i_C 的表达式可知，通过 R、L、C 的电流是同频率的正弦交流

电流。

由基尔霍夫电流定律可得

$$i = i_R + i_L + i_C$$

相量形式为

$$\dot{I} = \dot{I}_R + \dot{I}_L + \dot{I}_C$$

相量形式的 RLC 并联电路如图 5.17（b）所示。

$$\dot{I} = \frac{\dot{U}}{R} + \frac{\dot{U}}{jX_L} + \frac{\dot{U}}{-jX_C} = G\dot{U} - jB_L\dot{U} + jB_C\dot{U} = \dot{U}[G + j(B_C - B_L)]$$

令

$$B = B_C - B_L$$
$$Y = G + j(B_C - B_L) = G + jB \tag{5-35}$$

则

$$\dot{I} = Y\dot{U} \tag{5-36}$$

式中，B 为电纳，B_C 为容纳，B_L 为感纳；G 为电导；Y 为复数导纳，简称导纳，Y 的实部为电导 G，虚部为电纳 B。单位均为西门子（S）。RLC 并联电路的相量图如图 5.17（b）所示。

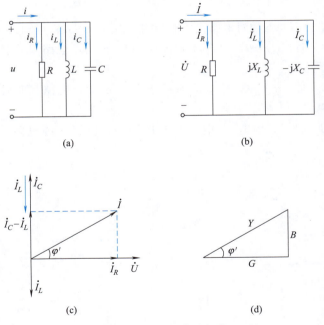

图 5.17　RLC 并联电路

用相量图法求电流 $\dot{I}$，如图 5.17（c）所示，以电压 $\dot{U}$ 为参考相量，由于 R 上的电压与电流同相，L 上的电流滞后电压 90°，C 上的电流超前电压 90°，所以 L 与 C 上的电流相位相反。先将 L 与 C 上的电流相量进行加法运算，然后再与 R 上的电流相量进行矢量加法运算，最终可得到 RLC 并联电路的总电流 I 的相量。

I_R、$I_C - I_L$、I 组成的直角三角形称为电流三角形，I 是斜边，I_R 与 $I_C - I_L$ 为直

角边，所以

$$I = \sqrt{I_R^2 + (I_C - I_L)^2} = \sqrt{\left(\frac{U}{R}\right)^2 + \left(\frac{U}{X_C} - \frac{U}{X_L}\right)^2} = \sqrt{(UG)^2 + [U(B_C - B_L)]^2}$$

$$= U\sqrt{G^2 + (B_C - B_L)^2} = U\sqrt{G^2 + B^2} = U|Y| \tag{5-37}$$

总电压 $\dot{U}$ 与电流 $\dot{I}$ 的相位差为

$$\varphi' = \arctan \frac{I_C - I_L}{I_R} \tag{5-38}$$

φ' 也称为导纳 Y 的辐角，简称导纳角。

由式（5-37）可知，只要计算出电路的总导纳，便可由电路的电压确定总电流或由电路总电流求出电压。电流三角形的每条边都除以电流 U，即可得到由 G、B、Y 组成的导纳三角形，如图 5.17（d）所示。

所以，RLC 并联电路的总电流 $\dot{I}$ 与电压 $\dot{U}$ 的相位差也可表示为

$$\varphi' = \arctan \frac{B_C - B_L}{G} = \arctan \frac{B}{G} \tag{5-39}$$

导纳 Y 的模为

$$|Y| = \sqrt{G^2 + B^2} = \sqrt{G^2 + (B_C - B_L)^2} \tag{5-40}$$

下面讨论电路中不同参数对电路性质的影响。由式（5-39）可知：

① 当 $B_C > B_L$ 时，$\varphi' > 0$，总电流超前于电压 φ' 角，电路呈容性，如图 5.18（a）所示。

② 当 $B_C < B_L$ 时，$\varphi' < 0$，总电流滞后于电压 φ' 角，电路呈感性，如图 5.18（b）所示。

③ 当 $B_C = B_L$ 时，$\varphi' = 0$，总电流与电压同相，电路呈纯电阻性，如图 5.18（c）所示。

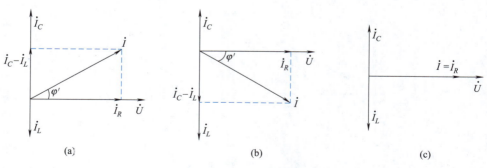

图 5.18　RLC 并联电路相量图

【例 5.11】　将电阻 $R = 25\Omega$、电感 $L = \frac{1}{5\pi}$H、电容 $C = \frac{400}{\pi}\mu$F 并联接入到交流电路中，电源的有效值 $U = 100$V、频率 $f = 50$Hz。求①通过电阻的有效电流 I_R、电感线圈的有效电流 I_L、电容的有效电流 I_C 以及电路总电流的有效值 I；②判断电路性质。

解：①电感的感抗为

$$X_L = \omega L = 2\pi f L = 2\pi \times 50 \times \frac{1}{5\pi} = 20 \ (\Omega)$$

电容的容抗为

$$X_C = \frac{1}{\omega C} = \frac{1}{2\pi f C} = \frac{1}{2\pi \times 50 \times \frac{400}{\pi} \times 10^{-6}} = 25 \ (\Omega)$$

通过电阻的有效电流为

$$I_R = \frac{U}{R} = \frac{100}{25} = 4 \ (A)$$

通过电感线圈的有效电流为

$$I_L = \frac{U}{X_L} = \frac{100}{20} = 5 \ (A)$$

通过电容的有效电流为

$$I_C = \frac{U}{X_C} = \frac{100}{25} = 4 \ (A)$$

电路总电流的有效值为

$$I = \sqrt{I_R^2 + (I_C - I_L)^2} = \sqrt{4^2 + (4-5)^2} = \sqrt{17} \approx 4.1 \ (A)$$

② RLC 并联电路的导纳角为

$$\varphi' = \arctan \frac{I_C - I_L}{I_R} = \arctan \frac{4-5}{4} \approx -14° < 0$$

所以总电流滞后于电压，电路呈感性。

（2）RLC 并联谐振电路

RLC 并联谐振电路是与 RLC 串联谐振电路对应的另一种谐振电路。如图 5.19 所示，在 RLC 二端网络中，当端口电压与电流参考方向一致且相位差 $\varphi' = 0$ 时，电路进入谐振状态。

电路总导纳为

$$Y = \frac{1}{R} + \frac{1}{j\omega L} + \frac{1}{-j\frac{1}{\omega C}} = \frac{1}{R} + j\left(\omega C - \frac{1}{\omega L}\right)$$

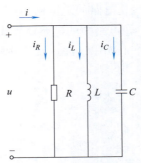

图 5.19 RLC 并联谐振电路

根据谐振的定义，当导纳 Y 的虚部为 0 时，端口总电压与总电流同相，即

$$\omega_0 C - \frac{1}{\omega_0 L} = 0$$

可解得谐振时对应的角频率为

$$\omega_0 = \frac{1}{\sqrt{LC}} \tag{5-41}$$

谐振时对应的频率为

$$f_0 = \frac{1}{2\pi\sqrt{LC}} \tag{5-42}$$

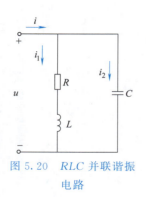

图 5.20 RLC 并联谐振
电路

工程中采用的电感线圈和电容并联的谐振电路，如图 5.20 所示，其中电感线圈用 R 和 L 的串联组合表示。

电阻 R、电容 L 所在支路的导纳为

$$Y_1=\frac{1}{R+jX_L}=\frac{1}{R+j\omega L}=\frac{R-j\omega L}{(R+j\omega L)(R-j\omega L)}=\frac{R-j\omega L}{R^2+(\omega L)^2}$$

电容 C 所在支路的导纳为

$$Y_2=\frac{1}{-jX_C}=\frac{1}{-j\frac{1}{\omega C}}=j\omega C$$

电路的导纳为

$$Y=Y_1+Y_2=\frac{R-j\omega L}{R^2+(\omega L)^2}+j\omega C=\frac{R}{R^2+(\omega L)^2}+j\left(\omega C-\frac{\omega L}{R^2+(\omega L)^2}\right)$$

当导纳 Y 的虚部为 0 时，端口电压与总电流同相，电路进入谐振状态，即

$$\omega_0 C-\frac{\omega_0 L}{R^2+(\omega_0 L)^2}=0$$

故谐振时的角频率为

$$\omega_0=\frac{1}{\sqrt{LC}}\sqrt{1-\frac{CR^2}{L}} \tag{5-43}$$

显然，只有当 $1-\dfrac{CR^2}{L}>0$，即 $R<\sqrt{\dfrac{L}{C}}$ 时，ω_0 才是实数，所以 $R>\sqrt{\dfrac{L}{C}}$ 时，上述方程无实数解，电路不会发生谐振。

综上所述，电路发生 RLC 并联谐振时有以下几个特点：

① 电路呈电阻性，总导纳的模处于最小值，总阻抗的模处于最大值。

② 电路的总电流与电压同相，总电流处于最小值。

③电路中的电感所在支路与电容所在支路电流大小相等，为总电流的 Q 倍。

对于图 5.19，发生并联谐振时有

$$\dot{I}_L+\dot{I}_C=0$$

$$\dot{I}_L(\omega_0)=\frac{\dot{U}}{j\omega_0 L}=-j\frac{1}{\omega_0 LG}\dot{I}=-jQ\dot{I}$$

$$\dot{I}_C(\omega_0)=\frac{\dot{U}}{-j\frac{1}{\omega_0 C}}=j\frac{\omega_0 C}{G}\dot{I}=jQ\dot{I}$$

式中，G 为电导，Q 为 RLC 并联谐振电路的品质因数

$$Q=\frac{I_L(\omega_0)}{I}=\frac{I_C(\omega_0)}{I}=\frac{1}{\omega_0 LG}=\frac{\omega_0 C}{G}=\frac{1}{G}\sqrt{\frac{C}{L}} \tag{5-44}$$

当电路的品质因数 Q 值远大于 1 时，在谐振状态下，电感和电容支路中会产生极大的循环电流。然而，从电路外部观察，电感与电容并联回路的等效总电纳趋于零，此时回路整体呈现极高的阻抗特性，其作用等效于断路状态。对于图 5.20，发生谐振时特性也近似。

④ 在谐振状态下，并联连接的电容与电感之间会形成周期性的能量交换过程：电

容储存的电场能与电感存储的磁场能持续相互转换。此时，电源无需参与能量转换，仅需补偿电阻引起的能量消耗即可维持振荡。对于图 5.20，发生谐振时，特性也近似乎。

结合前面介绍的 RLC 串联谐振电路的特性可知，在工程实践中，RLC 串联谐振电路适用于低内阻电源供电场景，若电源内阻过高，则会显著降低电路的品质因数，导致选频特性劣化；对于高内阻电源，宜采用 RLC 并联谐振电路作为负载。

知识 3　正弦交流电路的功率及功率因数

设有一无源二端网络如图 5.21 所示，其电压、电流分别为

$$u = U_m \sin(\omega t + \varphi)\,;\ i = I_m \sin(\omega t)$$

式中，φ 为电压 u 与电流 i 之间的相位差。

经分析，电路所消耗的平均功率（有功功率）为

$$P = \frac{1}{T}\int_0^T p\,dt = \frac{1}{T}\int_0^T ui\,dt = \frac{1}{T}\int_0^T [UI\cos\varphi - UI\cos(2\omega t + \varphi)]\,dt$$

$$= UI\cos\varphi \tag{5-45}$$

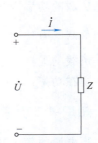

图 5.21　无源二端网络

由式可知，与直流电路相比，正弦交流电路的有功功率多乘了 $\cos\varphi$，即正弦交流电路的有功功率除了与电压和电流的有效值有关外，还与它们的相位差 φ 有关。$\cos\varphi$ 称为功率因数，表征了电能的利用率，一般用 λ 表示，φ 又称功率因数角，是电路的总电压与电流之间的相位差。

正弦交流电路中，电压有效值与电流有效值的乘积称为视在功率，用 S 表示，单位为伏安（V·A）。

$$S = UI \tag{5-46}$$

如图 5.22 所示，以 S 为斜边、P 为直角边、φ 为夹角作出功率三角形，另一直角边则为无功功率 Q（证明略）。

由功率三角形可得

$$Q = S\sin\varphi$$
$$P = S\cos\varphi$$
$$S = \sqrt{P^2 + Q^2}$$

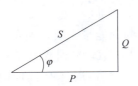

图 5.22　功率三角形

无功功率是储能元件（电感和电容）与电源进行能量交换而产生的，也可用下式表示

$$Q = Q_L - Q_C \tag{5-47}$$

【例 5.12】已知电压 $u = 311\sin(314t + 15°)\text{V}$，电流 $i = 14.1\sin(314t + 75°)\text{A}$。计算该电路的视在功率 S、平均功率 P、无功功率 Q 及功率因数。

$$U = \frac{U_m}{\sqrt{2}} = 220\text{V},\ I = \frac{I_m}{\sqrt{2}} = 10\text{A}$$

$$S = UI = 2200\text{V·A}$$

解：$\cos\varphi = \cos(15° - 75°) = 0.5$

　　$P = S\cos\varphi = 2200 \times 0.5 = 1100\ (\text{W})$

　　$Q = S\sin\varphi = 2200 \times \sin(15° - 75°) = -1905\ (\text{var})$

【例 5.13】把一个 $R = 12\Omega$、$L = 50.96\text{mH}$ 的电感线圈接到 $f = 50\text{Hz}$、电压有效

值为 $U=220$V 的交流电源上，试求电路中的电流有效值 I、功率因数 λ、负载的有功功率 P、无功功率 Q、视在功率 S。

解：电感的感抗：$X_L=2\pi fL=2\times3.14\times50\times50.96\times10^{-3}=16$（$\Omega$）

电路的阻抗：$Z=\sqrt{R^2+{X_L}^2}=\sqrt{12^2+16^2}=20$（$\Omega$）

电路的电流有效值：$I=\dfrac{U}{Z}=\dfrac{220}{20}=11$（A）

负载的功率因数：$\lambda=\cos\varphi=\dfrac{R}{Z}=\dfrac{12}{20}=0.6$

负载的有功功率：$P=UI\cos\varphi=220\times11\times0.6=1452$（W）

负载的无功功率：$Q=UI\sin\varphi=UI\sqrt{1-\cos^2\varphi}=220\times11\times\sqrt{1-0.36}=1936$（var）

视在功率：$S=UI=220\times11=2420$（V·A）

知识 4 功率因数的提升

当电源的额定功率一定，即视在功率 $S=UI$ 不变时，电源提供给负载的有功功率为 $P=UI\cos\varphi$。$\cos\varphi$ 越大，P 也就越大；P 的大小越接近 S，越能充分利用电源能量。当电路是电阻性负载时，$\cos\varphi=1$，$\cos\varphi$ 的值达到最大。另一方面，当负载的有功功率 P 及电压 U 一定时，功率因数 $\cos\varphi$ 越大，电路电流 $I=\dfrac{P}{U\cos\varphi}$ 就越小，消耗在输电线以及各设备绕组等上的功率就越小。因此，提高功率因数，不但可以充分利用电源的功率，而且能减少线路损耗。

由于感性负载的存在，会出现功率因数降低的情况。电动机、工频炉、日光灯等电器设备都属于感性负载，功率因数会大幅下降。实际生产中，常用的异步电动机在额定负载时的功率因数一般只有 $0.7\sim0.9$，轻载时更小。

感性负载的功率因数小于 1，其原因是负载占了一定比例的无功功率 Q_L。由式 (5-47) 和图 5.23 可知，可在电路中增加一个适当大小的电容元件，使 $Q=Q_L-Q_C$ 变小，让电感尽可能与电容进行能量交换，从而减少电感与电源之间的能量交换，提高电源能量被负载所使用的比例。如图 5.23（a）所示，为了提升功率因数，同时保持负载电路的电压不变，电容应与负载并联使用。并联电容后，电压 U 不变，流过 R 的电流不变，所以电路总的有功功率不变，如图 5.23（b）相量图所示，功率因数由 $\cos\varphi_1$ 提高到 $\cos\varphi_2$。

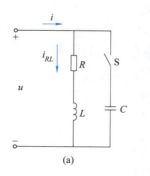
(a)

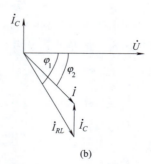
(b)

图 5.23 功率因数的提升

设感性负载电路原功率因数为 $\cos\varphi_1$，要提高到 $\cos\varphi_2$，则需并联的电容为

$$C = \frac{P(\tan\varphi_1 - \tan\varphi_2)}{\omega U^2} \qquad (5\text{-}48)$$

式中，ω 为电路电流的角频率；P 为负载原有功功率；U 为负载电压有效值（证明过程略）。

【例 5.14】 某感性负载功率 $P=80\text{kW}$、功率因数 $\cos\varphi_1=0.5$，接在 $U=220\text{V}$、$f=50\text{Hz}$ 的电源上。若希望提升功率因数至 $\cos\varphi_2=0.95$，应并联的电容是多少？

解：$\cos\varphi_1 = 0.5$，$\varphi_1 = 60°$

$\cos\varphi_2 = 0.95$，$\varphi_2 = 18.2°$

需并联的电容为

$$C = \frac{P}{\omega U^2}(\tan\varphi_1 - \tan\varphi_2) = \frac{P}{2\pi f U^2}(\tan\varphi_1 - \tan\varphi_2)$$

$$= \frac{80 \times 10^3}{2 \times 3.14 \times 50 \times 220^2}(\tan 60° - \tan 18.2°)$$

$$= 7387.5 \ (\mu\text{F})$$

模块 3　日光灯电路

知识 1　日光灯电路的组成

日光灯属于日常生活中广泛使用的典型单相用电器。日光灯电路由日光灯管、镇流器、启辉器三部分及连接导线和单相电源共同组成。日光灯电路的分析和计算对分析单相交流电路具有普遍指导意义。

1. 日光灯管

日光灯管（图 5.24）由于自身的构造，点燃时需 $600\sim800\text{V}$ 高压，点燃后只需 100V 左右的电压维持。

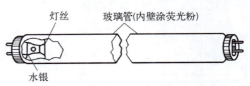

图 5.24　日光灯管示意图

2. 镇流器

如图 5.25 所示，镇流器的主体是铁芯线圈，其电感的大小显然与线圈的匝数、铁芯的尺寸有关。若要增大电感，镇流器的体积就会较大，相对功耗也较大。

日光灯电路对镇流器的要求：

① 应能为日光灯管的点亮提供所需要的高压；

② 应能够限制和稳定日光灯管的工作电流；

图 5.25　镇流器示意图

③ 在交流市电过零时，能使日光灯管正常工作；

④ 日光灯管点亮后正常工作时，应能控制日光灯管的能量，使日光灯管灯丝电极被适当预热，并确保灯丝电极保持正常工作温度。

⑤ 镇流器的体积要小、工作寿命要长且功耗低。

3. 启辉器

启辉器（图 5.26）在外壳 3（图 5.27）内装有一个充有氩氖混合惰性气体的玻璃泡 4（也称辉光管），泡内有一个由固定电极（静触极 2）和动触极 5 组成的自动开关。动触极 5 用双金属片制成倒 U 形，受热后动触极膨胀，与静触极接通；冷却后动触极自动收缩复位，与静触极脱离。两个触极间并联了一个 0.005μF 的电容 1，其作用是消除火花对电气设备的影响，并与镇流器组成振荡电路，延长灯丝的预热时间，有利于日光灯管起辉。结构图中 6 是与电路相连接的插头。

启辉器俗称跳泡，在日光灯管点亮时，起自动开关作用。

图 5.26　启辉器示意图

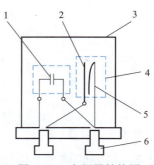

图 5.27　启辉器结构图

知识 2　日光灯电路的工作原理

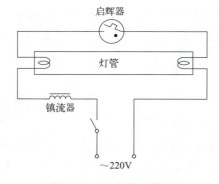

图 5.28　日光灯电路图

如图 5.28 日光灯电路所示，开关闭合后，电源电压加在启辉器的两极之间，使惰性气体放电发出辉光，辉光产生的热量使 U 形动触极膨胀伸长，与静触极接通，于是镇流器线圈和灯管中的灯丝就有电流通过。电路接通后，启辉器中的惰性气体停止放电，U 形动触极冷却收缩，动静触极分离，电路自动断开。电流断开瞬间，镇流器将产生很高的自感电动势，与电源电压加在一起加在灯管两端使灯管中的惰性气体导通，于是日光灯管成为电流的通路开始发光。日光灯管点亮后，持续的交变电流通过镇流器线圈仍会产生自感电动势，以阻碍电流的变化，这时镇流器起降压限流作用，从而保证日光灯管正常工作。

知识 3　日光灯的优缺点及使用注意事项

1. 日光灯的优点

① 比白炽灯省电。因为日光灯的发光效率高，可达 65Lm/W 以上。而 60W 的钨

丝白炽灯的发光效率只有 $10\sim13\mathrm{Lm/W}$。

② 日光灯的发光颜色比白炽灯更接近日光，光色好，且光线柔和。

③ 日光灯寿命较长，一般有效使用寿命是 3000h。

2. 日光灯的缺点

① 日光灯的附件多，故障概率较大。

② 日光灯的价格比钨丝白炽灯贵。

③ 日光灯的功率不能做得很大。

④ 由于日光灯是低压气体放电发光，所以在正常工作时存在"频闪"现象。"频闪"易造成人观察运动物体时的抖动感觉，使眼睛疲劳而影响视力，因此一般灯光球场都不用日光灯照明。

3. 日光灯使用注意事项

① 日光灯在使用时要避免频繁启动。

日光灯的使用寿命一般不少于 3000h，其条件是每启动一次连续点亮 3h 以上。随着每启动一次连续点亮时间的缩短，灯管的寿命也相对缩短。

② 电源电压的高、低会影响日光灯的使用寿命。

当电源电压高于日光灯正常工作电压时，就会造成流过灯管的电流增大，加速灯丝的损耗，从而缩短了灯管的寿命。同时，电压偏高还会使镇流器过热，造成绝缘物外溢或绝缘损坏，从而发生短路事故。

③ 正常电压下，灯管与镇流器一定要配套使用，以使日光灯能工作在最佳状态，否则会使流过灯管的电流不正常，造成不必要的损失，或造成启动困难。

技能训练 日光灯电路实验

1. 训练目的

① 学会日光灯电路的连接，并了解其工作原理。

② 验证 RL 串联电路 $U \neq U_R + U_L$，理解提升功率因数的意义和方法。

③ 能检测日光灯照明电路和处理常见的故障。

2. 训练电路（图 5.29）

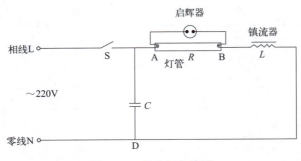

图 5.29 日光灯电路图

3. 训练设备

① 训练元器件：灯管、电容、开关、启辉器、镇流器、交流电源（220V）、导线若干。

② 训练仪表：数字万用表、电流表。

4. 训练内容与步骤

（1）训练内容

日光灯电路主要由灯管、镇流器、启辉器三个器件组成。镇流器是一个具有铁芯的电感线圈，主要用于产生瞬间高压和限制电路的电流。启辉器是一个充有惰性气体的玻璃泡，有一个静触极和一个动触极，灯管工作时启辉器是断开的。

日光灯等效电路是一个 RL 串联感性电路，其功率因数很小，只有 0.5 左右。为提升功率因数，可在电路两端并上电容。

（2）训练步骤

① 取出电路图所示各元件，C 选 2μF，L 选 8W 镇流器，启辉器及灯管、开关一个，并按图 5.29 接线。

注意事项：

a. 电路连接好以后，必须经过教师检查正确后才能通电测试，严禁自行通电。

b. 不允许带电接、拆线。发生异常现象时，立即断开电源开关。

c. 通电后严禁接触导线裸露部分，防止发生触电事故。

② 经老师检查正确后接上 220V 电源。灯管亮后，用万用表分别测量灯管电压 U_{AB}、镇流器电压 U_{BD} 和总电压 U_{AD}，并把测量的数据填入表 5.1 中。

③ 测量电流。按照图 5.30 所示接入电流表，经老师检查正确后接上 220V 电源，读出电流值并填入表 5.1 中。

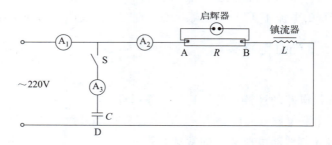

图 5.30　接入电流表的日光灯电路图

表 5.1　日光灯照明电路参数测量表

步骤	测量						计算
参数	U_{AD}	U_{AB}	U_{BD}	I_1	I_2	I_3	$\cos\varphi$
未并电容							
并入电容							

5. 数据分析与讨论

① 训练中日光灯管亮了吗？请写出日光灯电路的主要组成。它们的作用分别是什么？

② 根据表 5.1 中的测量数据验证 $U_{AD} \neq U_{AB} + U_{BD}$（即 $U \neq U_R + U_L$）。

③ 根据表 5.1 中的测量数据，判断并入电容 C 后总电流 I_1 是变大还是变小？

④ 根据表 5.1 中的计算数据，判断并入电容后功率因数是提升了还是降低了？电

容的作用是什么？

理论夯实场

一、填空题

1. 直流电路中的电压和电流，其大小和方向_____。交流电路中电流的大小和方向则是_____。

2. 正弦交流电的三要素是_____、_____、_____。

3. 交流电的周期，用字母_____表示，其单位为_____。

4. 交流电的频率，用字母_____表示，其单位为_____，频率与周期之间的关系为_____。交流电的角频率，用字母_____表示，其单位为_____，角频率与周期之间的关系为_____，角频率与频率之间的关系为_____。

5. 我国工频交流电的频率为_____Hz，周期为_____s，角频率为_____rad/s。

6. 交流电的有效值与最大值之间的关系为_____。我们常说的电压220V是_____。

7. 平均功率是指_____，它又叫做_____。

8. 纯电感正弦交流电路中，电压有效值与电流有效值之间的关系为_____，电压与电流在相位上的关系为_____。

9. 感抗与频率成_____比，其值 $X=$_____，单位是_____。

10. 在正弦交流电路中，已知流过电感的电流 $I=10A$、电压 $u=28.28\sin(1000t)$V，则电流 $i=$_____，感抗 $X_L=$_____，电感 $L=$_____，无功功率 $Q_L=$_____。

11. 纯电容正弦交流电路中，电压有效值与电流有效值之间的关系为_____，电压与电流在相位上的关系为_____。

12. 容抗与频率成_____比，其值 $X_C=$_____，单位是_____。

13. 在正弦交流电路中，已知流过电容元件的电流 $I=10A$，电压 $u=28.28\sin(1000t)$V，则电流 $i=$_____，容抗 $X_C=$_____，电容 $C=$_____，无功功率 $Q_C=$_____。

14. RLC 串联正弦交流电路发生谐振的条件是_____，谐振时，谐振频率 $f=$_____，品质因数 $Q=$_____。

15. 发生串联谐振时，电路中的感抗与容抗_____，此时电路中阻抗_____，电流_____，总阻抗 $Z=$_____。

16. 实际生产和生活中，工厂的一般动力电源的电压标准为_____；生活照明电源的电压标准一般为_____；_____V以下的电压称为安全电压。

17. _____功率的单位是瓦特，_____功率的单位是乏尔，_____功率的单位是伏·安。

18. 日光灯电路的主要组成是_____，_____，_____三个部分。

二、选择题

1. 交流电的周期越长，说明交流电变化得（　　　）。

A. 越快　　　　　B. 越慢

2. 在纯电感正弦交流电路中，电压有效值不变，增加电源频率时，电路中电流（　　　）。

　　A. 增大　　　　　　B. 减小　　　　　　C. 不变

3. 在纯电容正弦交流电路中，电压有效值不变，增加电源频率时，电路中电流（　　　）。

　　A. 增大　　　　　　B. 减小　　　　　　C. 不变

4. 若电路中某元件两端的电压 $u=36\sin(314t-180°)\mathrm{V}$，电流 $i=4\sin(314t+180°)$，则该元件是（　　　）。

　　A. 电阻　　　　　　B. 电容　　　　　　C. 电感

5. 若电路中某元件两端的电压 $u=10\sin(314t+60°)\mathrm{V}$，电流 $i=4\sin(314t+150°)$，则该元件是（　　　）。

　　A. 电阻　　　　　　B. 电容　　　　　　C. 电感

6. 在 RL 串联正弦交流电路中，电阻上的电压为 16V，电感上的电压为 12V，则总电压 U 为（　　　）。

　　A. 280V　　　　　　B. 20V　　　　　　C. 4V

7. 在 RC 串联正弦交流电路中，电阻上的电压为 8V，电容上的电压为 6V，则总电压 U 为（　　　）。

　　A. 2V　　　　　　B. 14V　　　　　　C. 10V

8. 在工业生产中，为了提升功率因数，经常采用（　　　）。

　　A. 在感性负载上串联补偿电容，减少电路电抗

　　B. 提高发电机输出的有功功率，或降低发电机无功功率

　　C. 在感性负载上并联补偿电容

三、计算题

1. 已知电压 $u_\mathrm{A}=10\sin(\omega t+60°)\mathrm{V}$，$u_\mathrm{B}=10\sqrt{2}\sin(\omega t-30°)\mathrm{V}$，写出电压 u_A、u_B 的有效值、初始值、相位差。

2. 已知正弦量的三要素分别为：① $U_\mathrm{m}=311\mathrm{V}$，$f=50\mathrm{Hz}$，$\varphi=135°$；② $I_\mathrm{m}=100\mathrm{A}$，$f=100\mathrm{Hz}$，$\varphi=-90°$。试分别写出①②的瞬时表达式。

3. 已知某正弦电压的幅值为 15V，频率为 50Hz，初相位为 15°，解答下列问题。

① 写出它的瞬时值表达式。

② 求 $t=0.0025\mathrm{s}$ 时的相位和瞬时值。

4. 写出下列正弦量对应的相量，并画出相量图。

① $u=10\sqrt{2}\sin(\omega t+30°)\mathrm{V}$，$i=4\sqrt{2}\sin(\omega t+120°)\mathrm{A}$；

② $u=15\sqrt{2}\sin(\omega t-60°)\mathrm{V}$，$i=5\sin(\omega t+45°)\mathrm{A}$。

5. 写出下列相量对应的正弦量表达式，并在同一复平面上画出它们的相量图。设 $\omega=100\mathrm{rad/s}$；$\dot{U}_1=100\angle-120°\mathrm{V}$，$\dot{U}_2=(-50+\mathrm{j}86.6)\mathrm{V}$，$\dot{U}_3=50\angle45°\mathrm{V}$。

6. 已知两个同频率正弦交流电流的瞬时值表达式为 $i_1=8\sqrt{2}\sin(\omega t)\mathrm{A}$、$i_2=6\sqrt{2}\sin(\omega t+90°)\mathrm{A}$，试用相量法求 $i=i_1+i_2$。

7. 一个 220V、60W 的灯泡接在电压 $u=220\sqrt{2}\sin(\omega t+30°)\mathrm{V}$ 的电源上，求流过灯泡的电流；写出电流的瞬时表达式，并画出电压、电流的相量图。

8. 将电感 $L = 25\text{mH}$ 的线圈接到频率可调节的交流电源上，电压 $u = 362\sin(\omega t + 30°)\text{V}$。

① 当 $\omega = 400\text{rad/s}$，求感抗、线圈中的电流的有效值，并作出电压、电流的相量图。

② 当 $\omega = 800\text{rad/s}$，求感抗、线圈中的电流的有效值。

9. 已知 $5\mu\text{F}$ 的电容接到电压为 220V、50Hz 的正弦交流电源上。试求①电容的容抗、电流 i；②将电源频率增大 20 倍，再求容抗、电流 i。

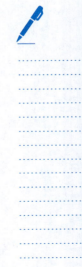

三相交流电路

教学内容（思维导图）

教学目标

知识目标

1. 掌握三相交流电源的星形、三角形连接方式，线电压与相电压的关系。

2. 掌握三相交流电路负载的星形（Y）、三角形（△）连接方式，明确线电压/电流与相电压/电流的关系。

能力目标

1. 能设计并搭建三相负载实验电路，测量不同连接方式下的电压、电流及功率。

2. 能分析三相电路不平衡故障现象并提出解决方案。

素质目标

强化安全操作意识，熟悉在三相交流电路高电压、大电流环境中的防护的规范。

模块1 三相交流电源

知识1 三相交流电源的产生

1. 对称三相交流电动势的产生

三相交流电动势由三相交流发电机产生，发动机的结构原理如图 6.1 所示，三组完全相同的定子绕组（A-X、B-Y、C-Z）以 A、B、C 为首端，X、Y、Z 为末端，对称分布在定子铁芯成120°间隔的凹槽中，构成空间对称结构。转子铁芯的励磁绕组通入直流电后，在定、转子间的气隙上形成正弦分布的磁场。当原动机驱动转子以角速度 ω 匀速顺时针旋转时，各相定子绕组依次切割磁力线，产生幅值相同、频率一致的正弦电动势。三相交流电动势的相位角互差120°。对称三相交流电动势体系是电力传输与工业设备运行的基准电源，其相位差特性为三相平衡负载的稳定运行奠定了基础。

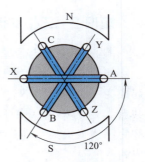

图 6.1　三相交流发电机的原理示意图

三相交流电动势瞬时值可以表示为：

第一相的电动势：$e_A = E_m \sin(\omega t)$

第二相的电动势：$e_B = E_m \sin(\omega t - 120°)$

第三相的电动势：$e_C = E_m \sin(\omega t - 240°) = E_m \sin(\omega t + 120°)$

对应的相量形式为：

$$\dot{E}_A = \dot{E} \angle 0°$$

$$\dot{E}_B = \dot{E} \angle -120° = E\left(-\frac{1}{2} - j\frac{\sqrt{3}}{2}\right)$$

$$\dot{E}_C = \dot{E} \angle 120° = E\left(-\frac{1}{2} + j\frac{\sqrt{3}}{2}\right)$$

对应的波形图和相量图分别如图 6.2（a）、（b）所示。

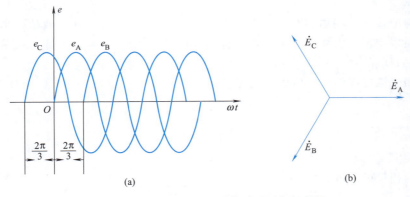

三相电源

图 6.2　对称三相交流电动势波形图与相量图

2. 三相交流电源的相序

三相交流电动势达到最大值的先后顺序称为相序，图 6.2 所示的三相交流电的相序为 A→B→C，这种相序称为正序；反之，若相序为 C→B→A，则称为逆序。在电路中，如没有特别说明，三相交流电源一般是正序的。

三相交流电动势的幅值相等，频率相同，相邻两相之间的相位差也相同，这种电动势也称为对称三相交流电动势，显然它们的瞬时值之和或相量之和均为 0。

$$e_A + e_B + e_C = 0$$

$$\dot{E}_A + \dot{E}_B + \dot{E}_C = 0$$

三相交流发电机的三相绕组一般不单独对外供电，而是按一定方式连接在一起同时对外供电。三相电源的基本连接方式有星形（Y）连接和三角形（△）连接。

知识2　三相交流电源的连接方式

1. 三相交流电源星形（Y）连接

如图 6.3 所示，星形连接是将三相交流发电机三个绕组的末端 X、Y、Z 连接在一起成为一个公共端 N，三个绕组的首端 A、B、C 各引出一条线的接线方式。其中，公共点 N 称为中点（中性点），由中点引出的线叫中线（中性线），从 A、B、C 引出的线称为相线或火线。在生活中，常见的三相四线制输电线路就是由三条相线和一条中线组成的。

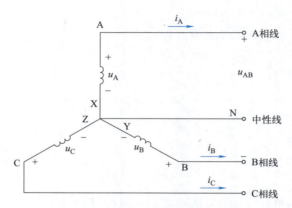

图 6.3　三相交流电源星形连接

相线与中线之间的电压称相电压，用 u_A、u_B、u_C 表示，其有效值一般用 U_p 表示；任意两根相线（火线）之间的电压称为线电压，用 u_{AB}、u_{BC}、u_{CA} 表示，线电压的有效值用 U_L 表示。

设三相交流电源的瞬时值表达式为

$$\begin{cases} u_A = \sqrt{2}\,U_A \sin\omega t \\ u_B = \sqrt{2}\,U_B \sin(\omega t - 120°) \\ u_C = \sqrt{2}\,U_C \sin(\omega t + 120°) \end{cases} \tag{6-1}$$

那么对应的相量可表示为

$$\begin{cases} \dot{U}_A = U_A \angle 0° \\ \dot{U}_B = U_B \angle -120° \\ \dot{U}_C = U_C \angle 120° \end{cases} \tag{6-2}$$

（1）线电压与相电压的关系

线电压与相电压之间的关系可以通过对应的相量图进行分析，如图 6.4 所示，$\dot{U}_{AB}$，$\dot{U}_{BC}$，$\dot{U}_{CA}$ 分别是 A-B、B-C、C-A 两相之间的线电压相量。

由此可知

$$\begin{cases} \dot{U}_{AB} = \dot{U}_A - \dot{U}_B = \sqrt{3}\,\dot{U}_A \angle 30° \\ \dot{U}_{BC} = \dot{U}_B - \dot{U}_C = \sqrt{3}\,\dot{U}_B \angle 30° \\ \dot{U}_{CA} = \dot{U}_C - \dot{U}_A = \sqrt{3}\,\dot{U}_C \angle 30° \end{cases} \tag{6-3}$$

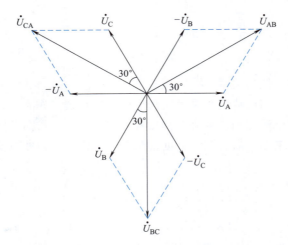

图 6.4　相电压与线电压相量图

即线电压的有效值是相电压有效值的 $\sqrt{3}$ 倍，相位超前相应的相电压 $30°$，即

$$U_L = \sqrt{3}U_P \tag{6-4}$$

$$\dot{U}_L = \sqrt{3}\dot{U}_P \angle 30°$$

由以上的分析可知，当三相交流电源（发电机或变压器）做星形连接时，可分别对外提供相电压和线电压。目前，我国通用的低压配电系统中，相电压为 220V，线电压 380V。

（2）线电流与相电流的关系

通过端线的电流叫线电流，其参考方向是从电源端指向负载端；相电流指流过每相绕组的电流。如图 6.3 所示，三个相的线电流分别为 i_A、i_B、i_C，三相交流电源做星形（Y）连接时，其相电流就是线电流。

2. 三相交流电源的三角形（△）连接

若将三相交流发电机一个绕组的尾端与另一个绕组的首端依次连接（A 接 Z，B 接 X，C 接 Y）构成一个闭合回路，从连接点引出三条线，就构成三角形连接（△连接），如图 6.5 所示，这种输电方式也称为三相三线制，与星形连接相比，三角形连接没有中性线。

（1）线电压与相电压的关系

由图 6.5 可以看出，三相交流电源做三角形连接时，其线电压就是相电压，线电压和相电压的有效值相等，线电压与相电压的相位也相同。

显然，各相线之间的电压即为各相电压，即

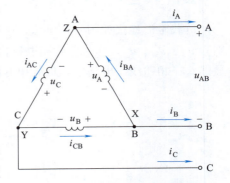

图 6.5　三相交流电源三角形连接

$$\begin{cases} \dot{U}_{AB} = U_A \angle 0° \\ \dot{U}_{BC} = U_B \angle -120° \\ \dot{U}_{CA} = U_C \angle 120° \end{cases} \tag{6-5}$$

一般地

$$U_L = U_P \tag{6-6}$$

$$\dot{U}_L = \dot{U}_P$$

（2）线电流与相电流的关系

如图 6.5 所示，三相交流电源采用三角形连接带负载工作时，绕组内部与输电线路均有电流流通。端线电流称为线电流，其参考方向由电源端指向负载端；绕组电流称为相电流，参考方向由末端指向首端。根据基尔霍夫电流定律，线电流与相电流的关系为

$$\begin{cases} \dot{I}_A = \dot{I}_{AB} - \dot{I}_{CA} = \sqrt{3}\,I_{AB}\angle 30° \\ \dot{I}_B = \dot{I}_{BC} - \dot{I}_{AB} = \sqrt{3}\,I_{BC}\angle 30° \\ \dot{I}_C = \dot{I}_{CA} - \dot{I}_{BC} = \sqrt{3}\,I_{CA}\angle 30° \end{cases} \tag{6-7}$$

即线电流的有效值是相电流有效值的 $\sqrt{3}$ 倍，相位滞后相电流 $30°$。若用 I_L 表示线电流有效值，I_P 表示相电流有效值，则满足

$$I_L = \sqrt{3}\,I_P \tag{6-8}$$

当三相交流对称电源采用三角形连接时，三个绕组构成闭合回路。若接线正确，回路内总电动势相量和为零，可以确保无环流产生。若出现接错相序（如 C 相接反），回路内总电动势相量和不为零，由于电源阻抗极小，此时将产生极大的环流，这可能导致绕组过热损毁。因此，大容量交流发电机普遍采用星形（Y）连接替代三角形连接，以规避误接风险并提升系统可靠性。

模块 2　三相负载电路

三相交流电路中负载的连接方式也有两种：星形（Y）连接和三角形（△）连接。

知识 1　三相负载的星形（Y）连接

负载星形连接如图 6.6 所示，这种连接方式称三相四线制。三相负载两端的电压分别为 u_a、u_b、u_c，称为负载相电压，一般有效值记作 U_P，电源相电压有效值记作 U_S。显然，三相四线制电路中，负载相电压等于电源相电压，即

$$\dot{U}_P = \dot{U}_S \tag{6-9}$$

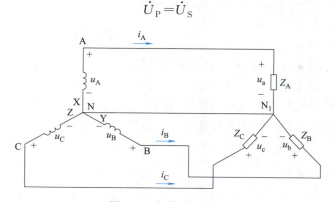

图 6.6　负载星形连接

以 $\dot{U}_A$ 为正弦参考量，则

$$\begin{cases} \dot{U}_a = \dot{U}_A = U_S \angle 0° \\ \dot{U}_b = \dot{U}_B = U_S \angle -120° \\ \dot{U}_c = \dot{U}_C = U_S \angle 120° \end{cases} \tag{6-10}$$

流经负载的电流 I_A、I_B、I_C 称负载相电流，一般有效值记作 I_P。流经相线的电流称线电流，用 I_L 表示。在负载星形连接电路中，线电流等于相电流，

$$I_L = I_P \tag{6-11}$$

它们的相量表示为

$$\begin{cases} \dot{I}_A = \dot{I}_a = \dfrac{\dot{U}_a}{Z_a} \\[2mm] \dot{I}_B = \dot{I}_b = \dfrac{\dot{U}_b}{Z_b} \\[2mm] \dot{I}_C = \dot{I}_c = \dfrac{\dot{U}_c}{Z_c} \end{cases} \tag{6-12}$$

每相负载中电流的有效值为

$$I_a = \frac{U_S}{|Z_a|}, \ I_b = \frac{U_S}{|Z_b|}, \ I_c = \frac{U_S}{|Z_c|} \tag{6-13}$$

每相负载中电压与电流的相位差为

$$\varphi_a = \arctan \frac{X_a}{R_a}, \ \varphi_b = \arctan \frac{X_b}{R_b}, \ \varphi_c = \arctan \frac{X_c}{R_c} \tag{6-14}$$

中线电流为

$$\dot{I}_N = \dot{I}_A + \dot{I}_B + \dot{I}_C \tag{6-15}$$

当 $Z_a = Z_b = Z_c = Z$ 时，称为三相对称负载，此时

$$I_A = I_B = I_C = I_L = \frac{U_S}{|Z|}$$

$$\dot{I}_N = \dot{I}_A + \dot{I}_B + \dot{I}_C = 0$$

即三相对称负载电路中中线没有电流通过，此时若将电路中的中线断开，并不影响电路各处电压、电流的分配。因此，在三相对称负载的情况下可以不接中线，如图 6.7 所

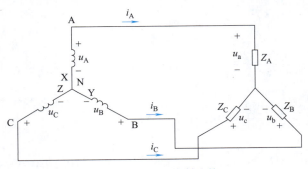

图 6.7　三相三线制连接

示。这种连接方式称三相三线制。

三相三线制电路省去了中线，在三相交流电动机电路等三相对称负载电路中应用极为广泛。但非对称负载（如照明电路）不宜采用，并且为保证负载电压稳定，其等于电源相电压。三相四线制电路中的中线不得接熔断器或开关。

【例 6.1】 在负载做 Y 形连接的对称三相交流电路中，已知每相负载均为 $|Z|=10\Omega$，设线电压 $U_\mathrm{L}=380\mathrm{V}$，试求各相电流（也就是线电流）。

解：在对称 Y 形负载中，相电压为

$$U_\mathrm{P}=\frac{U_\mathrm{L}}{\sqrt{3}}=220\ (\mathrm{V})$$

相电流（即线电流）为

$$I_\mathrm{P}=\frac{U_\mathrm{P}}{|Z|}=\frac{220}{10}=22\ (\mathrm{A})$$

【例 6.2】 在图 6.8 所示电路中，电源电压对称，每相电压有效值 $U_\mathrm{P}=220\mathrm{V}$，负载为电灯组，三相电阻分别为 $R_\mathrm{A}=10\Omega$，$R_\mathrm{B}=5\Omega$，$R_\mathrm{C}=2\Omega$。试求：负载相电压、相电流及中线电流。

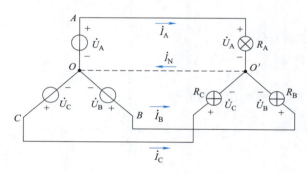

图 6.8　例 6.2 电路图

解：由已知可知电路中负载不对称，但由于中线的作用，使得三相负载的相电压为电源相电压，因此三相负载的相电压对称，有效值为 220V。若取 A 相电压为参考量，可得

$$\dot{U}_\mathrm{A}=220\angle 0°\mathrm{V},\ \dot{U}_\mathrm{B}=220\angle -120°\mathrm{V},\ \dot{U}_\mathrm{C}=220\angle 120°\mathrm{V}$$

由于三相负载不对称，三个相电流单独计算。

$$\dot{I}_\mathrm{A}=\frac{\dot{U}_\mathrm{A}}{Z_\mathrm{A}}=\frac{220\angle 0°}{10}=22\angle 0°\ (\mathrm{A})$$

$$\dot{I}_\mathrm{B}=\frac{\dot{U}_\mathrm{B}}{Z_\mathrm{B}}=\frac{220\angle -120°}{5}=44\angle -120°\ (\mathrm{A})$$

$$\dot{I}_\mathrm{C}=\frac{\dot{U}_\mathrm{C}}{Z_\mathrm{C}}=\frac{220\angle 120°}{2}=110\angle 120°\ (\mathrm{A})$$

$$\dot{I}_\mathrm{N}=\dot{I}_\mathrm{A}+\dot{I}_\mathrm{B}+\dot{I}_\mathrm{C}=22\angle 0°\mathrm{A}+44\angle -120°\mathrm{A}+110\angle 120°\mathrm{A}=79.4\angle 133.9°\mathrm{A}$$

知识2 三相负载的三角形（△）连接

图 6.9 为三相负载的三角形连接电路，此时，各负载相电压均与三相电源的线电压相等，电源线电压用 $\dot{U}_{AB}$、$\dot{U}_{BC}$、$\dot{U}_{CA}$ 表示，有效值统一用 U_L 表示；$\dot{U}_a$、$\dot{U}_b$、$\dot{U}_c$ 表示负载相电压，有效值统一用 U_P 表示。三相负载无论对称与否，相电压总是对称的。

$$U_a = U_b = U_c = U_P = U_L \tag{6-16}$$

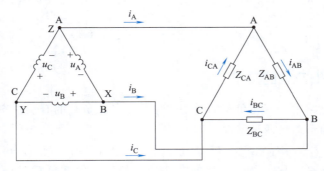

图 6.9 三相负载三角形连接

每相负载的电流即相电流，它们的相量为

$$\dot{I}_{AB} = \frac{\dot{U}_{AB}}{Z_{AB}} = \frac{\dot{U}_a}{Z_{AB}}$$

$$\dot{I}_{BC} = \frac{\dot{U}_{BC}}{Z_{BC}} = \frac{\dot{U}_b}{Z_{BC}}$$

$$\dot{I}_{CA} = \frac{\dot{U}_{CA}}{Z_{CA}} = \frac{\dot{U}_c}{Z_{CA}} \tag{6-17}$$

各线电流的相量为

$$\dot{I}_A = \dot{I}_{AB} - \dot{I}_{CA}, \dot{I}_B = \dot{I}_{BC} - \dot{I}_{AB}, \dot{I}_C = \dot{I}_{CA} - \dot{I}_{BC}$$

根据 KCL，有

$$\dot{I}_A + \dot{I}_B + \dot{I}_C = 0$$

当三相负载对称时，即各相负载完全相同，相电流和线电流也对称。负载的相电流为

$$I_P = \frac{U_P}{|Z|} \tag{6-18}$$

若负载对称，经分析可知，线电流等于 $\sqrt{3}$ 倍的相电流，即

$$I_L = \sqrt{3} I_P \tag{6-19}$$

【例 6.3】 一台三相电动机，每相的阻抗为 $Z = 24 + j32\Omega$，电源作 Y 形连接，电源相电压为 220V，求①电动机 Y 形连接时，各相电压、相电流为多少？②△形连接

时呢?

解：①Y 形连接时

$$U_P = U_S = 220V$$

$$I_P = \frac{U_P}{|Z|} = \frac{220}{\sqrt{24^2 + 32^2}} = 5.5 \ (A)$$

② △形连接时

$$U_P = U_L = \sqrt{3}U_S = 220 \times 1.732 = 380 \ (V)$$

$$I_P = \frac{U_P}{|Z|} = \frac{380}{\sqrt{24^2 + 32^2}} = 9.5 \ (A)$$

知识 3　三相负载的功率

在三相交流电路中，三相负载的有功功率等于各相负载的有功功率之和，包括负载是星形连接和三角形连接两种情况，即

$$P = P_A + P_B + P_C = U_A I_A \cos\varphi_A + U_B I_B \cos\varphi_B + U_C I_C \cos\varphi_C \qquad (6\text{-}20)$$

如果三相负载是对称负载，各相的有功功率相等（包括负载星形连接和三角形连接），故三相总有功功率为

$$P = P_A + P_B + P_C = 3P_P = 3U_P I_P \cos\varphi \qquad (6\text{-}21)$$

式中，U_P 是相电压、I_P 是相电流；φ 是功率因数角。

对称负载做星形连接时

$$U_L = \sqrt{3}U_P, \ I_L = I_P \qquad (6\text{-}22)$$

对称负载做三角形连接时

$$U_L = U_P, \ I_L = \sqrt{3}I_P$$

式中，U_L 是线电压；I_L 是线电流。对于对称负载，三相负载总的有功功率也可表示为

$$P = \sqrt{3}U_L I_L \cos\varphi \qquad (6\text{-}23)$$

同理，三相对称交流电路总无功功率为

$$Q = Q_A + Q_B + Q_C = 3U_P I_P \sin\varphi = \sqrt{3}U_L I_L \sin\varphi \qquad (6\text{-}24)$$

三相对称交流电路的总视在功率为

$$S = \sqrt{P^2 + Q^2} = \sqrt{3}U_P I_P = \sqrt{3}U_L I_L \qquad (6\text{-}25)$$

【例 6.4】　某三相三线制对称交流电路中，电源线电压为 $220\sqrt{3}$ V，负载为三组相同的电阻，分别采用星形（Y）和三角形（△）两种接法。星形连接时，每相电阻为 10Ω；三角形连接时，每相电阻为 20Ω。试求：①星形连接时，负载相电压、相电流、总有功功率；②三角形连接时，负载相电压、相电流、总有功功率。

解：①星形连接时,相电压为

$$U_P = \frac{U_L}{\sqrt{3}} = \frac{220\sqrt{3}}{\sqrt{3}} = 220 \ (V)$$

相电流等于线电流，即

$$I_P = I_L = \frac{U_P}{R} = \frac{220}{10} = 22 \text{（A）}$$

对于电阻，其两端的电压与电流同相，所以 $\cos\varphi = 1$。

三相总有功功率为

$$P = 3U_P I_P \cos\varphi = 3 \times 220 \times 22 \times 1 = 14520 \text{（W）}$$

② 三角形连接时，相电压等于线电压，即

$$U_P' = U_L' = 220\sqrt{3} \text{ V}$$

相电流为

$$I_P' = \frac{U_P'}{R} = \frac{220\sqrt{3}}{20} = 19.1 \text{（A）}$$

线电流为

$$I_L' = \sqrt{3}\,I_P' = \sqrt{3} \times 19.1 = 33.1 \text{（A）}$$

三相总有功功率为

$$P' = \sqrt{3}U_L' I_L' \cos\varphi = \sqrt{3} \times 220\sqrt{3} \times 33.1 \times 1 = 21846 \text{（W）}$$

技能训练　三相负载的星形、三角形连接的测试

1. 训练目的

① 学习三相负载星形、三角形连接方法。

② 验证对称三角形负载线电压与相电压、线电流与相电流之间的关系。

③ 了解中线的作用。

2. 训练电路

训练电路如图 6.10、图 6.11 所示。

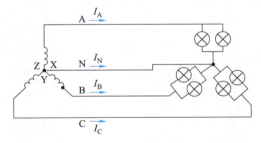

图 6.10　负载做星形连接

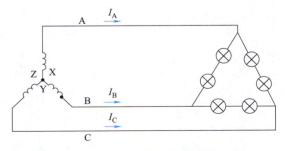

图 6.11　负载做三角形连接

3. 训练设备

万用表（调到交流电压700V挡）、3块交流电流表（500mA）、灯泡负载板。

4. 训练内容与步骤

（1）训练内容

三相负载的连接方式有星形和三角形连接，星形连接又包括有中线和无中线两种情况。对称负载星形连接时，线电压等于$\sqrt{3}$倍相电压，线电流等于相电流。对称负载三角形连接时，线电压等于相电压，线电流等于$\sqrt{3}$倍相电流。不对称负载星形连接时，必须有中线，其作用是使不对称负载获得对称的相电压，并使各相负载间互不影响。

（2）训练步骤

① 负载做星形连接

a. 清楚试验台上三相交流电源的接线，将三相灯泡负载连成星形连接，然后按图6.10将三相交流电源和三相负载相连。

b. 经老师检查无误后接通电源，用万用表交流挡按表6.1内容分别测量各电压并记录。

c. 按图6.12接入电流表，经老师检查无误后接通电源，选择档位按表6.1内容分别测量各电流并记录。

② 负载做三角形连接

a. 将三相灯泡负载按图6.11做三角形连接，经老师检查无误后接通电源，然后按表6.2内容测量各电压并记录。

b. 按图6.13接入电流表，经老师检查无误后接通电源，选择档位按表6.2内容分别测量各电流并记录。

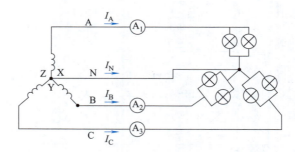

图6.12　负载做星形连接并接入电流表

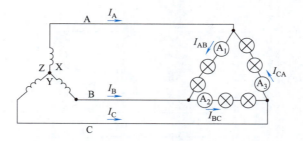

图6.13　负载做三角形连接并接入电流表

表 6.1 星形连接电路参数表

项目	测量									计算	
	U_{AB}	U_{BC}	U_{CA}	U_{AX}	U_{BY}	U_{CZ}	I_A	I_B	I_C	U_L/U_P	I_L/I_P
对称有中线											
对称无中线											
C 相断有中线											
C 相断无中线											

注：表中，U_{AB}、U_{BC}、U_{CA} 是线电压（U_L），U_{AX}、U_{BY}、U_{CZ} 是相电压（U_P）。I_A、I_B、I_C 是线电流（I_L），同时也是经过每一相负载的相电流（I_P）。

表 6.2 三角形连接电路参数表

项目	测量									计算	
	U_{AB}	U_{BC}	U_{CA}	I_A	I_B	I_C	I_{AB}	I_{BC}	I_{CA}	U_L/U_P	I_L/I_P

注：表中，U_{AB}、U_{BC}、U_{CA} 是线电压（U_L）。I_A、I_B、I_C 是线电流（I_L），I_{AB}、I_{BC}、I_{CA} 分别是经过三相负载的相电流（I_P）。

五、数据分析与讨论

① 以表 6.1、表 6.2 的测量数据验证负载做星形连接或三角形连接时线电压与相电压、线电流与相电流之间的关系（用表中数据证明）。

② 根据训练中观察的现象，总结中线的作用。

六、注意事项

① 电路连接好以后，必须经教师检查正确后才能通电测试，严禁自行通电。

② 不允许带电接拆线。发生异常现象时，立即断开电源开关。

③ 通电后严禁接触导线裸露部分，以防止发生触电事故。

理论夯实场

一、填空题

1. 对称三相交流电是指三个_____相等、_____相同、_____上互差 120° 的三个_____的组合。

2. 三相四线制供电系统中，负载可从电源获取_____和_____两种不同的电压值。其中_____是_____的 $\sqrt{3}$ 倍，且相位上超前与其相对应的_____30°。

3. 由发电机绕组首端引出的输电线称为_____，由电源绕组尾端中性点引出的输电线称为_____。_____与_____之间的电压是线电压，_____与_____之间的电压是相电压。电源绕组做星形连接时，其线电压是相电压的_____倍；电源绕组做三角形连接时，线电压是相电压的_____倍。

4. 三相负载的额定电压等于电源线电压时，应做_____形连接；额定电压约等于电源线电压的 0.577 倍时，三相负载应做_____形连接。

二、选择题

1. 对称三相交流电路是指（　　）。

A. 三相交流电源对称的电路

B. 三相负载对称的电路

C. 三相交流电源和三相负载都是对称的电路

2. 三相四线制供电线路，已知做星形连接的三相负载中 A 相为纯电阻，B 相为纯电感，C 相为纯电容，通过三相负载的电流均为 10A，则中线电流为 (　　)。

    A. 30A   B. 10A   C. 7.32A

3. 在交流电源三相对称的三相四线制电路中，若三相负载不对称，则该负载各相电压 (　　)。

    A. 不对称   B. 仍然对称   C. 不一定对称

4. 三相交流发电机绕组接成三相四线制，测得三个相电压 $U_A = U_B = U_C = 220V$，三个线电压 $U_{AB} = 380V$、$U_{BC} = U_{CA} = 220V$，这说明 (　　)。

    A. A 相绕组接反了   B. B 相绕组接反了   C. C 相绕组接反了

5. 三相对称交流电路的瞬时功率是 (　　)。

    A. 一个随时间变化的量   B. 一个常量，其值恰好等于有功功率

    C. 0

6. 三相四线制中，中线的作用是 (　　)。

    A. 保证三相负载对称   B. 保证三相功率对称

    C. 保证三相电压对称   D. 保证三相电流对称

7. 日常生活中，照明电路的接法为 (　　)。

    A. 三相三线制   B. 三相四线制

    C. 可以是三相四线制，也可以是三相三线制

三、计算题

1. 三相对称负载，已知 $Z = 3 + j4\Omega$ 接于线电压等于 380V 的三相四线制电源上，试分别计算做星形连接和做三角形连接时的相电流、线电流、有功功率、无功功率、视在功率各是多少？

2. 在对称三相电路中，负载做三角形连接，已知每相负载均为 $|Z| = 50\Omega$，设线电压 $U_L = 380V$，试求各相电压和线电流。

3. 三相交流发电机是星形接法，负载也是星形接法，发电机的相电压 $U_P = 1000V$，每相负载电阻均为 $R = 50k\Omega$，$X_L = 25k\Omega$。试求：① 相电流；② 线电流；③ 线电压。

4. 图 6.14 (a) 所示为常用的三相四线制照明电路，等效于图 6.14 (b)。已知三相交流电源线电压 $U_L = 380V$，$R_a = 50\Omega$，$R_b = 100\Omega$，$R_c = 200\Omega$。

① 求 A、B、C 各相负载的线电压、线电流及中线电流。

② 当 A 相短路时，对电路有何影响？

③ 当中线断开而 A 相短路时，对电路有何影响 [见图 6.14 (c)]？

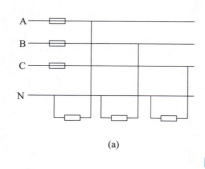
(a)

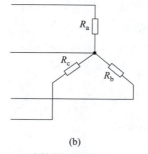
(b)

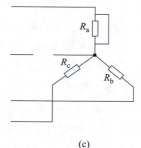
(c)

图 6.14　计算题 4 电路图

磁路与变压器

教学内容（思维导图）

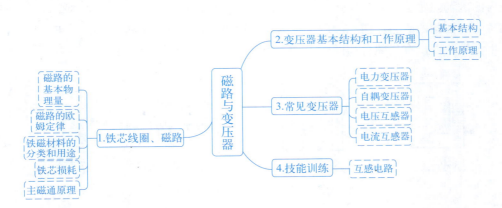

教学目标

知识目标

1. 掌握磁路基本物理量（磁通 Φ、磁感应强度 B、磁场强度 H、磁导率 μ）的定义及相互关系。

2. 理解磁路欧姆定律及其与电路欧姆定律的类比。

3. 分析铁芯损耗组成（磁滞损耗、涡流损耗等）。

4. 阐述变压器基本结构（铁芯、绕组）及工作原理。

5. 理解常见变压器（电力变压器、自耦变压器、电压互感器和电流互感器）的特性。

能力目标

1. 能计算简单磁路的磁动势、磁阻及磁通量。

2. 分析电力变压器过载温升的成因并提出散热方案。

素质目标

1. 安全意识：强调电流互感器二次侧严禁开路（可能引发高压击穿），培养规范操作习惯。

2. 创新思维与系统观：通过自耦变压器调压案例，理解"结构简化≠性能降低"的工程设计哲学。

模块 1 铁芯线圈、磁路

知识 1 磁路的基本物理量

变压器、电动机、磁电式仪表等电工设备，为了获得较强的磁场，常常将线圈缠绕在有一定形状的铁芯上。铁芯是由铁磁性材料制成的，具有良好的导磁性能，能使绝大部分磁通经铁芯形成一个闭合通路。线圈通以励磁电流产生磁场，这时铁芯被线圈磁场磁化产生较强的附加磁场，它叠加在线圈磁场上，使磁场大为加强。这种在铁芯内形成的闭合路径称为磁路。由于铁磁材料有较高的磁导率，所以大多数磁通在磁路中形成闭合回路，这部分磁通称为主磁通，用 Φ 表示。小部分磁通不经磁路而在周围的空气中形成闭合回路，这部分磁通称为漏磁通，用 Φ_σ 表示。磁路问题的实质是局限在一定路径内的磁场问题。在实际应用中，由于漏磁通很少，有时可忽略不计它的影响。常见的几种电工设备的磁路如图 7.1 所示，图中的磁通可以由励磁电流产生，也可以由永磁体产生。磁路可以有气隙。如图 7.1（b）、（c）、（d）所示。

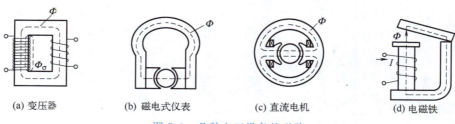

(a) 变压器　　　(b) 磁电式仪表　　　(c) 直流电机　　　(d) 电磁铁

图 7.1　几种电工设备的磁路

电流周围存在着磁场，当直导线有电流通过时，在其周围就存在着磁场，如图 7.2 所示。用以产生磁场的电流称为励磁电流，磁场方向与励磁电流方向之间的关系用右手螺旋定则判定：用右手握着通电直导线，伸直的拇指指向电流方向，弯曲的四指所指的方向则是磁场方向，如图 7.3（a）所示；若用右手握着线圈，弯曲的四指指向电流方向，伸直的拇指所指的方向则是磁场方向，如图 7.3（b）所示。

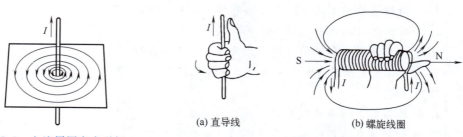

(a) 直导线　　　　　　(b) 螺旋线圈

图 7.2　电流周围存在磁场　　　　图 7.3　右手螺旋定则

（1）磁感应强度

通电导体在磁场中所受到的电磁力 F，除了与电流强度和垂直于磁场的导线长度 l 成正比以外，还和磁场的强弱有关。用以表示某点磁场强弱的量称为磁感应强度，用 B 表示。在数值上，它等于垂直于磁场的单位长度导体在通以单位电流时所受的电磁力，即

$$B = \frac{F}{Il} \tag{7-1}$$

磁感应强度是一个矢量，它的方向即为磁场的方向。各点的磁感应强度大小相等、方向相同的磁场为均匀磁场。磁感应强度的单位为 T（特斯拉）或 Wb/m^2（韦伯/平方米）。

（2）磁通

磁感应强度表征了磁场中某一点的磁场的强弱和方向，但在工程上常常要涉及某一截面上总磁场的强弱，为此引入磁通的概念。穿过磁场中某一个面的磁感应强度叫做磁通，用 Φ 表示。穿过垂直于磁场方向某截面 S 的磁通 Φ 等于磁感应强度 B（如果不是均匀磁场，则取 B 的平均值）与该面积 S 的乘积。即

$$\Phi = BS \tag{7-2}$$

磁通的单位为 Wb（韦伯）。式（7-2）可写成

$$B = \frac{\Phi}{S} \tag{7-3}$$

则磁感应强度等于单位面积上穿过的磁通，故磁通又称为磁通密度。

（3）磁导率

通有电流的直导体在其周围的磁场如图 7.4 所示。实验表明，导体内 a 点的磁感应强度 B 与通过导体的电流 I 成正比，与通过该点的磁感线长度 $2\pi r$ 成反比，并与周围介质有关，即

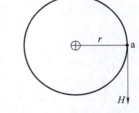

图 7.4　直导体周围磁场图

$$B = \mu \frac{I}{2\pi r} \tag{7-4}$$

式中，μ 为比例系数，称为介质的磁导率。

磁导率是用来描述磁场中介质导磁性能的物理量，决定于介质对磁场的影响程度。磁导率的单位是 H/m（亨［利］每米）。由实验测得，真空的磁导率为

$$\mu_0 = 4\pi \times 10^{-7} \, \text{H/m}$$

它是一个常数。其他介质的磁导率 μ 和真空的磁导率 μ_0 的比值，称为该介质的相对磁导率 μ_r，即

$$\mu_r = \frac{\mu}{\mu_0} \tag{7-5}$$

μ_r 越大，介质的导磁性越好。

自然界中的物质按磁导率大小可分为铁磁性物质和非铁磁性物质两大类。前者的相对磁导率很大，如铁、钴、镍、钇、镝可达几百甚至几千，硅钢片的相对磁导率为 6000～8000；后者的相对磁导率很小，如空气、铝、铬、铂、铜等，相对磁导率约为 1。

铁磁性物质广泛应用在变压器、电动机、磁电式仪表等电工设备中，只要在线圈中通过较小的电流，就可产生足够大的磁感应强度。

（4）磁场强度

上述分析表明：磁感应强度与介质有关，即对于通有相同电流的同样的导体，在不同的介质中，磁感应强度不同。介质对磁场的影响，常常使磁场的分析变得复杂。为了分析电流和磁场的依存关系，人们又引入了一个将电和磁定量沟通起来的辅助量，叫做

磁场强度，用符号 H 表示。磁场强度的单位是 A/m（安每米）。磁场中某点的磁场强度 H，就是该点磁感应强度与介质磁导率 μ 的比值，即

$$H=\frac{B}{\mu} \tag{7-6}$$

磁场强度在某种意义上是对电流建立磁场能力的量度，载流直导体周围点 a 的磁场强度可由式（7-4）和式（7-6）得到，即

$$H=\frac{I}{2\pi r} \tag{7-7}$$

显然，磁场强度的大小与周围介质无关，仅与电流和空间位置有关；它的方向与该点的磁感应强度方向一致。

【例 7.1】 通入 2A 电流的长直导线置于空气中，求距该导线 20cm 处的磁场强度和磁感应强度。

解： $$H=\frac{I}{2\pi r}=\frac{2}{2\times3.14\times0.2}=1.59（\text{A/m}）$$

因为空气中 $\mu=\mu_0$，所以

$$B=\mu_0 H=4\pi\times10^{-7}\times1.59\approx2\times10^{-6}（\text{T}）$$

知识 2　磁路的欧姆定律

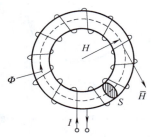

图 7.5　环形磁路示意图

设图 7.5 中环形磁路由单一铁磁材料构成，磁导率为 μ，其横截面面积为 S，磁路的平均长度为 l，给线圈通电后，根据安培环路定理可以写出

$$NI=Hl=\frac{B}{\mu}l=\frac{\Phi}{\mu S}l$$

变换成

$$\Phi=\frac{IN}{\dfrac{l}{\mu S}}=\frac{F}{R_m} \tag{7-8}$$

式（7-8）在形式上与电路欧姆定律相似，称为磁路欧姆定律。式中 $F=NI$ 称为磁通势，其单位为 A·匝，由它产生磁通 Φ；$R_m=\dfrac{l}{\mu S}$ 称为磁阻，单位为 H^{-1}（亨$^{-1}$），反映了磁路对磁通阻碍作用的大小。由于铁磁物质的磁导率 μ 随励磁电流而变，所以磁阻 R_m 是个变量。

磁路与电路有很多相似之处：如磁路中的磁通由磁通势产生，而电路中的电流由电动势产生；磁路中有磁阻，它使磁路对磁通起阻碍作用，而电路中有电阻，它使电路对电流起阻碍作用；磁阻与磁导率 μ、磁路截面面积 S 成反比，与磁路长度 l 成正比，而电阻也与电导率 ρ、导线截面面积 S 成反比，与导体长度 l 成正比。它们间的对应关系如表 7.1 所示。

表 7.1　磁路与电路各物理量的对应关系

磁路	电路	磁路	电路
磁通势 F	电动势 E	磁阻 $R_m=\dfrac{1}{\mu S}$	电阻 $R=\dfrac{1}{\rho S}$

磁路	电路	磁路	电路
磁通 Φ	电流 I	$\Phi = \dfrac{F}{R_m}$	$I = \dfrac{E}{R}$

必须注意，虽然磁路与电路具有对应关系，但两者的物理本质是不同的。如电路开路时，有电动势存在但无电流。而在磁路中，即使磁路中存在气隙，但只要有磁通势，就必有磁通。在电路中，直流电流通过电阻时要消耗能量；而在磁路中，恒定磁通通过磁阻时并不消耗能量。

【例7.2】 如图7.6所示为一均匀磁路，其中心线长度 $l = 50\text{cm}$，横截面积 $S = 16\text{cm}^2$，所用材料为铸钢，磁导率 $\mu = 3.4 \times 10^{-3}\text{H/m}$，线圈匝数 $N = 500$ 匝，电流 $I = 300\text{mA}$。求该磁路的磁通 Φ。如果将磁路截去一小段 $l_0 = 1\text{mm}$，出现气隙，保持磁通不变，求此时气隙和磁介质的磁阻以及磁通势。

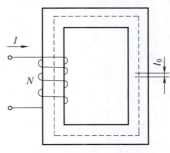

图7.6　例7.2图

解： 考虑到沿中心线上各点的磁场强度大小都相等，根据安培环路定理，则

$$Hl = NI$$

所以

$$H = \frac{NI}{l} = \frac{500 \times 0.3}{50 \times 10^{-2}} = 300 \ (\text{A/m})$$

磁感应强度

$$B = \mu H = 3.4 \times 10^{-3} \times 3 \times 10^2 = 1.02 \ (\text{T})$$

所以磁路中的磁通为

$$\Phi = BS = 1.02 \times 16 \times 10^{-4} = 1.632 \times 10^{-3} \ (\text{Wb})$$

如果磁路截去一小段，气隙的磁阻

$$R_{m0} = \frac{l_0}{\mu_0 S} = \frac{1 \times 10^{-3}}{4\pi \times 10^{-7} \times 16 \times 10^{-4}} = 4.98 \times 10^5 (\text{H}^{-1})$$

磁介质的磁阻

$$R_m = \frac{l}{\mu S} = \frac{49.9 \times 10^{-2}}{3.4 \times 10^{-3} \times 16 \times 10^{-4}} = 9.17 \times 10^4 \ (\text{H}^{-1})$$

磁路是两个磁阻串联的磁路，根据磁路欧姆定律，磁通势为

$$F = \Phi(R_{m0} + R_m)$$
$$= 1.632 \times 10^{-3} \times (4.98 \times 10^5 + 9.17 \times 10^4)$$
$$= 962.3(\text{A} \cdot \text{匝})$$

知识3　铁磁材料的分类和用途

铁磁材料按其磁滞回线形状及其在工程上的用途一般分为软磁材料、硬磁材料、矩磁材料三类。

（1）软磁材料

软磁材料的剩磁（B_r）和矫顽力（H_c）较大，但磁导率却较大，易于磁化，磁滞回线狭窄，如图7.7（a）所示。常用的软磁材料有纯铁、铸铁、铸钢、硅钢、坡莫合金、铁氧体等。变压器、电机和电工设备中的铁芯都采用硅钢片制作。收音机接收线圈的磁棒、中频变压器的磁芯等用的材料是铁氧体。

（2）硬磁材料

硬磁材料的剩磁（B_r）和矫顽力（H_c）都较大，被磁化后其剩磁不易消失，磁滞回线较宽，如图7.7（b）所示。常用的硬磁材料有碳钢、钨钢、钴钢及镍钴合金等。硬磁材料适宜用作永久磁铁，许多电工设备如磁电式仪表、扬声器、受话器等都是用硬磁材料制作的。

（3）矩磁材料

矩磁材料的磁滞回线接近矩形，如图7.7（c）所示。它的特点是在较弱的磁场的作用下也能磁化并达到饱和，当外磁场去掉后，仍保持饱和状态，剩磁（B_r）很大，矫顽力（H_c）较小。矩磁材料稳定性良好且易于迅速翻转，主要用作记忆元件，如计算机存储器的磁芯等。

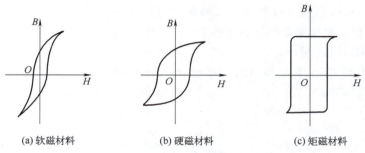

(a) 软磁材料　　(b) 硬磁材料　　(c) 矩磁材料

图 7.7　不同材料的磁滞回线

知识 4　铁芯损耗

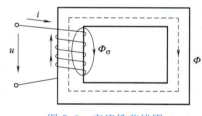

图 7.8　交流铁芯线圈

交流铁芯线圈由交流电来励磁，如图7.8所示。在交流铁芯线圈电路中，除了在线圈电阻上有功率损耗外，铁芯中也会有功率损耗。线圈上损耗的功率 I^2R 称为铜损，用 ΔP_{Cu} 表示；铁芯中损耗的功率称为铁损，用 ΔP_{Fe} 表示，铁损包括磁滞损耗和涡流损耗两部分。

（1）磁滞损耗

铁磁材料交变磁化的磁滞现象所产生的损耗称为磁滞损耗。它是由铁磁材料内部磁畴反复转向，磁畴间相互摩擦引起铁芯发热而造成的损耗，与磁滞回线所包围的面积成正比。为了减小磁滞损耗，铁芯均由软磁材料制成。

（2）涡流损耗

铁磁材料不仅有导磁能力，同时也有导电能力。在交变磁通的作用下铁芯内产生感应电动势和感应电流，感应电流在垂直于磁通的铁芯平面内围绕磁感线呈旋涡状，如图7.9（a）所示，故称为涡流。涡流使铁芯发热，其功率损耗称为涡流损耗。

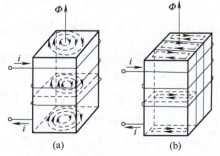

(a)　　　　(b)

图 7.9　铁芯中的涡流

为了减小涡流，可采用由硅钢片叠成的铁芯。硅钢片不仅有较大的磁导率，还有较大的电阻率，可使铁芯的电阻增大，涡流减小；同时，硅钢片的两面均有氧化膜或涂有绝缘漆，使各层之间互相绝缘，可以把涡流限制在一些狭长的截面内流动，从而减小了涡流损耗，如图 7.9（b）所示。所以，各种交流电器和变压器的铁芯普遍由硅钢片叠成。

综上所述，交流铁芯线圈电路的功率损耗为

$$\Delta P = \Delta P_{\text{Cu}} + \Delta P_{\text{Fe}} \tag{7-9}$$

知识 5 主磁通原理

在电机和变压器内，常把线圈套装在铁芯上。当线圈内通有电流时，就会在线圈周围的空间形成磁场。由于铁芯的导磁性比空气好得多，所以绝大部分磁通将从铁芯内通过，这部分磁通称为主磁通，如图 7.10 所示。围绕载流线圈和部分铁芯周围的空间，还存在少量分散的磁通，这部分磁通称为漏磁通。

对交流铁芯线圈而言，设工作主磁通为

$$\Phi = \Phi_{\text{m}} \sin(\omega t)$$

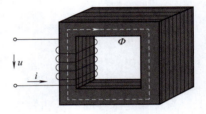

图 7.10 主磁通原理图

交变磁通穿过线圈时，在线圈中感应出电压，其值为

$$
\begin{aligned}
u_{\text{L}} &= N \frac{\mathrm{d}\Phi_{\text{m}} \sin(\omega t)}{\mathrm{d}t} = \Phi_{\text{m}} N \omega \cos(\omega t) \\
&= 2\pi f N \Phi_{\text{m}} \sin(\omega t + 90°) \\
&= U_{\text{m}} \sin(\omega t + 90°) \\
U &\approx 4.44 f N \Phi_{\text{m}}
\end{aligned}
$$

主磁通原理告诉我们，只要外加电压有效值及电源频率不变，铁芯中工作主磁通最大值 Φ_{m} 也将维持不变。

【例 7.3】 某含有气隙的铁芯线圈，线圈两端加有效值为 U 的交流电压，当气隙增大时，铁芯中的主磁通是增大还是减小？线圈中的电流如何变化？

解： 气隙增大时，铁芯磁路中的磁阻增加，但由于电源电压有效值 U 和频率 f 并无改变，根据主磁通原理可知，铁芯磁路中的工作主磁通 Φ 并不发生改变。根据磁路欧姆定律

$$\Phi = \frac{IN}{R_{\text{m}}}$$

磁通不变，则式中的比值也不变，因此，当磁阻 R_{m} 增大时，线圈中通过的电流必定增大。

模块 2 变压器基本结构和工作原理

知识 1 变压器的基本结构

变压器是一种电能转换装置，可以将能量从一个或多个回路转换到另一个或多个回路中去。变压器由磁介质、骨架和线圈绕组组成，有时为了起到电磁屏蔽作用，变压器

还要用铁壳或铅壳罩起来。骨架中填充铁磁性介质的变压器叫铁芯变压器，电力系统和低频电子电路中常使用铁芯变压器。骨架中填充非铁磁性介质的变压器叫空心变压器，空心变压器主要用于高频电子电路。本章主要介绍铁芯变压器。

图 7.11（a）和（b）分别是铁芯变压器的示意图和电路图。

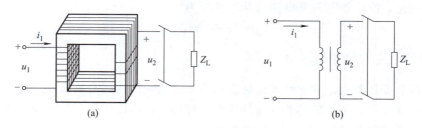

图 7.11　铁芯变压器示意图及电路图

（1）铁芯

铁芯是用来传递磁通的重要部件，通常采用导磁率大又互相绝缘的硅钢片叠加制成，变压器的体积和重量主要集中在铁芯上。在保证变压器的输出功率不受影响的情况下，为提高变压器的质量和效率，减小铁芯体积和重量，现多采用坡莫合金及各种铁氧体来代替硅钢片。铁芯的形状通常有 E 字形、口字形（或 D 字形）以及 C 字形等，如图 7.12 所示。

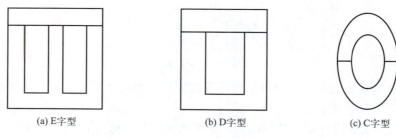

(a) E字型　　　　　　(b) D字型　　　　　　(c) C字型

图 7.12　常见铁芯形状

（2）线圈骨架

为了使线圈与硅钢片或其他磁性材料之间绝缘，线圈和引出线排列整齐，绕线平整紧密，以及提高绕制效率，变压器的线圈一般都是绕在线圈骨架上的。线圈骨架的形状和尺寸，是由铁芯的规格和尺寸决定的，一般以铁芯截面能自如插入线圈骨架为宜。

线圈骨架由绝缘材料制成，常用的材料有环氧玻璃纤维板、青壳纸等。此外，压铸成型的胶木板或聚苯乙烯，以及厚电缆纸也可用于制作线圈骨架。

（3）绕组

绕组一般采用绝缘良好的漆包线绕制在线圈骨架上构成。连接电源（或信号源）的绕组为初级绕组，也称为初级线圈；连接负载的绕组为次级绕组，也称为次级线圈。

知识 2　变压器的工作原理

变压器的初级线圈和次级线圈一般彼此不连通（自耦变压器例外），能量是靠铁芯中的互感磁通来传递的。下面介绍有关互感的基本知识。

（1）互感现象

相邻的两个线圈如图 7.13 所示，匝数为 N_1 的线圈 I 中，流过的电流为 i_1，其产生自感磁通 Φ_{11} 的一部分穿过匝数为 N_2 的线圈 II。对于线圈 II 来说，这部分磁通不是由本身的电流产生的，而是由其他线圈中的电流产生的，这部分磁通称为互感磁通，用 Φ_{21} 表示；对应的磁链叫互感磁链，用 Ψ_{21} 表示，$\Psi_{21} = N_2 \Phi_{21}$。

当 i_1 变化时，互感磁链 Ψ_{21} 发生变化，线圈 II 中就会产生感应电动势和感应电压，分别称为互感电动势和互感电压。同理，若线圈 II 中流过变化的电流，

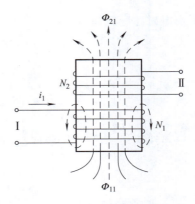

图 7.13　两线圈的互感

也会在线圈 I 中产生互感电动势和互感电压。这种一个线圈中电流的变化在另一个线圈中产生感应电压的现象叫互感现象。两个线圈磁通互相交链的关系叫做磁耦合。互感磁链与产生它的电流成正比，比例系数称为两线圈间的互感系数，用 M 表示。在互感磁链参考方向与它的电流参考方向满足右手螺旋关系的情况下

$$\Psi_{21} = M_{21} i_1$$
$$\Psi_{12} = M_{12} i_2 \tag{7-10}$$

互感系数 M 反映了变化电流产生互感磁通的能力。对于线性电感线圈来说，$M_{12} = M_{21} = M$，且 M 值与电流无关，它是互感线圈自身的参数，只取决于两线圈的匝数、尺寸、相对位置和磁介质。

在电流一定的条件下，两个线圈的互感磁通越大，说明两个线圈耦合越强；互感磁通越小，说明两个线圈耦合越弱。通常用耦合系数 k 来衡量两个线圈耦合的紧密程度，其定义为

$$k = \frac{M}{\sqrt{L_1 L_2}} \tag{7-11}$$

式中，L_1 与 L_2 分别为线圈 I 与 II 的自感系数。

一般情况下，k 值小于 1。当 $k=1$ 时，互感磁通与自感磁通相等，这种情况叫全耦合。

（2）互感电压

在如图 7.14 所示电路中，若选择互感电压的参考方向与互感磁通的参考方向符合右手螺旋定则，互感磁通的参考方向与产生它的电流的参考方向也符合右手螺旋定则，

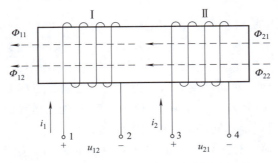

图 7.14　两线圈的互感电压

则由电磁感应定律得

$$u_{21} = M\frac{\mathrm{d}i_1}{\mathrm{d}t}$$

$$u_{12} = M\frac{\mathrm{d}i_2}{\mathrm{d}t} \tag{7-12}$$

当线圈中的电流为正弦交流电流时，互感电压可以用相量表示为

$$\dot{U}_{21} = \mathrm{j}\omega M\dot{I}_1$$

$$\dot{U}_{12} = \mathrm{j}\omega M\dot{I}_2 \tag{7-13}$$

（3）同名端

互感电压的实际极性与产生互感电压的电流的实际方向、变化趋势，线圈的绕向和相对位置有关。实际电路中的互感线圈往往是密封起来的，线圈的相对位置和绕向都看不到，要判定互感电压的实际极性很困难。为了方便地判定互感电压的实际极性，这里引出"同名端"的概念。

① 同名端的定义　对于具有互感的几个线圈上的某些端钮，若一个线圈中电流的变化在其自身上产生的自感电压和在另一个线圈中产生的互感电压实际极性始终相同，这样的端钮叫同名端；反之，称为异名端。同一组同名端通常用"·""△"或"*"表示。例如在图7.15（a）中1端钮通入电流 i_1，若 i_1 逐渐增加，根据楞次定律可以判断出：线圈 I 中自感电压实际正极端为端钮1，线圈 II 中互感电压实际正极端为端钮3，因此，端钮1和端钮3是同名端，而端钮1和端钮4是异名端；同理，端钮2和端钮4是同名端，而端钮2和端钮3是异名端。

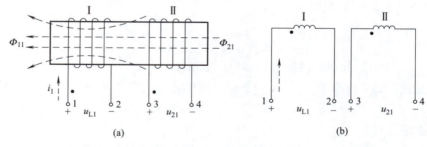

(a)　　　　　(b)

图 7.15　同名端的定义

② 同名端的判断

a. 根据同名端的性质判断。互感线圈的同名端具有这样一个性质：若两个互感线圈中分别有电流 i_1 与 i_2，且 i_1 与 i_2 的实际方向对同名端是一致的，则 i_1 产生的磁通与 i_2 产生的磁通是相互增强的。图7.15（a）中，线圈 I 中电流 i_1 的实际方向与线圈 II 中电流 i_2 的实际方向，对同名端1与3而言是一致的，根据右手螺旋定则，它们产生的磁通如图7.15（a）所示，可以看出，Φ_1 与 Φ_2 是相互增强的。在已知线圈绕向和相对位置的情况下，可以根据同名端的性质判断同名端。

b. 实验确定同名端。有些设备中的线圈是封装起来的（如变压器），在这种情况下，可以通过实验测定两互感线圈的同名端。

首先用万用表的电阻挡确定哪两个接头属于一个线圈，然后将任意一个线圈通过开关 S 与干电池相连，将验流计或直流电流表接在另一线圈两端，如图 7.16 所示。开关 S 合上时，电流 i_1 从初级线圈的一端（和正极连接的一端）流入，且正在增加，若验流计的指针正向偏转，则干电池正极连接的一端（自感电压为高电位）与验流计正极连接的一端（互感电压为高电位）为同名端。若验流计的指针反向偏转，则干电池正极连接的一端与验流计正极连接的一端（互感电压为低电位）为异名端。

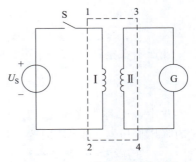

图 7.16　通过实验测定同名端

注意：

① 虽然可以通过实验测定同名端，但同名端只与互感线圈的绕向和相对位置有关，与线圈上是否有电流没有关系。

② 同名端是指同一磁通感应出的自感电压与互感电压的实际极性始终相同的端钮。同组的同名端要用同一个标记。

【例 7.4】　判断图 7.17 所示互感线圈的同名端。

解：根据同名端的定义，利用电磁感应定律判断。

图 7.17（a）中端钮 1 与 4 为同名端，端钮 2 与 3 为同名端；

图 7.17（b）中端钮 1 与 4 为同名端，端钮 2 与 4 为异名端；

图 7.17（c）中端钮 1 与 4 为同名端，端钮 1 与 6 为同名端，端钮 3 与 6 为同名端。

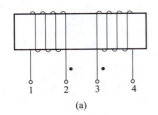
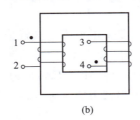
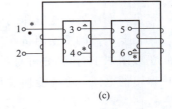

(a) (b) (c)

图 7.17　例 7.4 图

（4）变压器的空载运行与变换电压作用

变压器原绕组（原边）接交流电源、副绕组（副边）开路的运行状态称为空载。变压器的空载运行如图 7.18 所示。当变压器原边所接电源电压和频率不变时，根据主磁通原理可知，变压器铁芯中通过的工作主磁通 Φ 应基本保持为一个常量。交变的磁通穿过 N_1 和 N_2 时，分别在两个线圈中感应出自感电压 U_{L1} 和互感电压 U_{M2}。

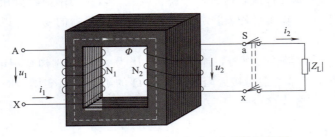

图 7.18　变压器的变压、变流、变阻抗示意图

$$U_{L1} \approx 4.44 f N_1 \Phi_{\mathrm{m}}$$

$$U_{M2} \approx 4.44 f N_2 \Phi_{\mathrm{m}} \tag{7-14}$$

变压器在空载情况下原边、副边电压的比值为

$$\frac{U_1}{U_2} \approx \frac{U_{L1}}{U_{M2}} = \frac{N_1}{N_2} = K \tag{7-15}$$

式中，K 称为变压比。显然，改变线圈绕组的匝数即可实现电压的变换，且 $K > 1$ 时为降压变压器，$K < 1$ 时为升压变压器。

（5）变压器的负载运行与变换电流作用

在副边感应电压的作用下，副边线圈中有了电流 i_2。此电流在磁路中也会产生磁通，从而影响原边电流 i_1。根据主磁通原理，当外加电压、频率不变时，铁芯中主磁通的最大值在变压器空载或有负载运行时基本不变。带负载后磁动势的平衡关系为

$$i_1 N_1 + i_2 N_2 = i_{10} N_1$$

由于变压器铁芯材料的磁导率大，空载励磁电流 i_{10} 很小，一般不到额定电流的 10%，常可忽略。根据原、副边电流关系

$$i_1 N_1 + i_2 N_2 = i_{10} N_1$$

上式可写成

$$\dot{I}_1 N_1 + \dot{I}_2 N_2 \approx 0$$

即

$$\dot{I}_1 N_1 \approx -\dot{I}_2 N_2$$

由此可得

$$\frac{I_1}{I_2} = \frac{N_2}{N_1} = \frac{1}{K} \tag{7-16}$$

可见，变压器改变电压的同时也改变了电流，这就是变压器变换电流的原理。

（6）变压器的变换阻抗作用

仍以图 7.18 作为分析对象。图中 $Z_L = U_2 / I_2$，原边输入等效阻抗 $Z_1 = U_1 / I_1$。把变压器上的电压、电流变换关系带入到原边输入等效阻抗公式中可得

$$|Z_1| = \frac{U_1}{I_1} = \frac{(N_1/N_2)U_2}{(N_2/N_1)I_2} = (N_1/N_2)^2 |Z_L| = K^2 |Z_L| \tag{7-17}$$

式中，Z_1 为变压器副边阻抗 Z_L 归结到变压器原边电路后的折算值，也称为副边对原边的反射阻抗。显然，通过改变变压器的变比，可以达到阻抗变换的目的。

电子设备中常采用变压器的阻抗变换功能来满足在电路中的负载上获得最大功率的要求。例如，收音机、扩音机的扬声器阻抗值通常为几欧或十几欧，而功率输出级常常要求负载阻抗为几十或几百欧。这时，为使负载获得最大功率，就需在电子设备功率输出级和负载之间接入一输出变压器，并适当选择输出变压器的变比，以满足阻抗匹配的条件。

【例 7.5】 有一台降压变压器，原边绕组电压为 220V，副边绕组电压为 110V，原边绕组为 2200 匝，若副边绕组接入阻抗值为 10Ω 的阻抗，问变压器的变比、副边绕组匝数、原边绕组电流各为多少？

解：变压器变比 $\qquad K = \dfrac{U_1}{U_2} = \dfrac{220}{110} = 2$

副边绕组匝数 $\qquad N_2 = \dfrac{N_1 U_2}{U_1} = \dfrac{1}{K} N_1 = \dfrac{2200}{2} = 1100$ 匝

原边绕组电流 $\qquad I_1 = \dfrac{N_2 I_2}{N_1} = \dfrac{1}{K} I_2 = \dfrac{11}{2} = 5.5$（A）

【例7.6】 已知某收音机输出变压器的原边匝数为600，副边匝数为30，原来接有16Ω的扬声器。现因故要改接成4Ω扬声器，问输出变压器的匝数 N_2 应改为多少？

解： 收音机电路中，输出变压器所起的作用是：让扬声器阻抗与晶体管的输出端阻抗匹配，以使负载获得最大功率，从而驱动喇叭振动发出声音。

收音机原阻抗变换系数为

$$K^2 = \left(\dfrac{N_1}{N_2}\right)^2 = \left(\dfrac{600}{30}\right)^2 = 400$$

反射阻抗

$$|Z_1| = \left(\dfrac{N_1}{N_2}\right)^2 |Z_L| = 400 \times 16 = 6400 \ (\Omega)$$

改换成4Ω扬声器后

$$K'^2 = 6400/4 = 1600$$
$$N_2 = N_1/K' = 600/\sqrt{1600} = 15（匝）$$

模块3　常见变压器

知识1　电力变压器

电力变压器是一种静止的电气设备，是用来将某一种等级的交流电能转变为同频率另一等级的交流电能的设备。

变压器的基本结构部件有铁芯、绕组、油箱、冷却装置、绝缘套管和保护装置等（见图7.19）

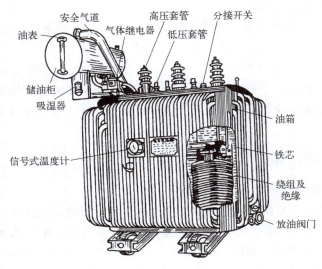

图7.19　油浸电力变压器结构示意图

（1）铁芯

铁芯是变压器的主磁路，又是它的支撑骨架。铁芯由铁芯柱和铁轭两部分组成。铁芯柱上套装绕组，铁轭的作用则是使整个磁路闭合。为了提高磁路的导磁性能和减少铁芯中的磁滞和涡流损耗，铁芯用厚0.35mm、表面涂有绝缘漆的硅钢片叠成。

叠片式铁芯的结构型式有心式和壳式两种。采用心式铁芯的变压器，其铁芯被绕组包围着。心式变压器结构简单，绕组的装配及绝缘设置也较容易，国产电力变压器的铁芯主要用心式结构。采用壳式铁芯结构的变压器，其特点是铁芯包围线圈。壳式变压器的机械强度高，但制造复杂、铁芯材料消耗多，只在一些特殊变压器（如电炉变压器）中采用。

（2）绕组

绕组是变压器的电路部分，通过电磁感应实现交流电能的传递，应具有较高的耐热性能、机械强度及良好的散热条件，以保证变压器的可靠运行和寿命。一般小容量配电变压器的绕组采用漆包扁铜线或铝线绕制而成，大中型变压器的绕组多采用纱包或纸包铜线绕制而成。

按高、低压绕组在铁芯上放置方式的不同，绕组结构分为同心式和交叠式两种。

① 同心式结构：高、低压绕组同心地套装在同一个铁芯柱上。为了便于绝缘，通常低压绕组装在里面，高压绕组装在外面，在高、低压绕组之间以及铁芯之间加有绝缘。国产电力变压器的绕组主要采用同心式结构。

② 交叠式结构：高、低压绕组都做成饼状，沿铁芯柱高度方向交替排列。为了便于绝缘，通常最上层和最下层均为低压绕组。其主要用于大型电炉变压器。

（3）附件

油浸式电力变压器的附近主要包括油箱、分接开关、绝缘套管、冷却装置、安全保护装置、检测装置等。

① 油箱：用于盛装变压器油及安装器身，变压器油是器身的绝缘和散热介质。油箱由钢板焊成，中小型变压器多采用桶式油箱，而大型变压器为了便于检修，多采用钟罩式油箱。

② 分接开关：分接开关装在箱盖上，是通过改变高压绕组的匝数，从而调整变比的装置。一般不可频繁使用。

③ 绝缘套管：是变压器绕组的引出装置，将其装在变压器油箱上，实现带电的引线与接地的油箱之间的绝缘。主要由瓷套和导电杆等组成。

④ 变压器运行时，为把温升控制在一定范围内，必须采用冷却装置，包括油浸自冷、油浸风冷和强迫油循环等类型。为了保证变压器安全运行，变压器设有安全保护装置，包括储油柜、吸湿器、安全气道、气体继电器等。变压器的检测装置包括油位器和测温元件等。

知识2 自耦变压器

（1）自耦变压器的结构

在前面讨论的单相双绕组变压器中，原边绕组和副边绕组独立分开，原边绕组的匝数为N_1，副边绕组的匝数为N_2，原、副边绕组之间只有磁的耦合而无电的联系。假如在变压器中只有一个绕组，如图7.20所示，在绕组上引出一个抽头c，使$N_{ab}=N_1$，使$N_{cb}=N_2$，N_{cb}是副边绕组，也是原边绕组的一部分，这种原、副边绕组具有部分

公共绕组的变压器称为自耦变压器。自耦变压器的原、副边绕组之间不仅有磁的联系，而且还有电的直接联系。

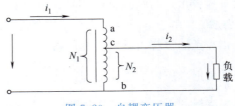

图 7.20 自耦变压器

（2）自耦变压器的原理

自耦变压器的原理与普通双绕组变压器相同，在原、副边绕组的电压、电流之间存在如下关系。

$$\frac{U_1}{U_2} = \frac{N_1}{N_2} = K , \quad \frac{I_1}{I_2} = \frac{N_2}{N_1} = \frac{1}{K}$$

式中，K 为自耦变压器的变比。

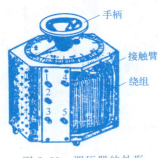

图 7.21 调压器的外形

若将自耦变压器的副边绕组的分接头 c 做成能沿着径向裸露的绕组表面自由滑动的电刷，移动电刷的位置，改变副边绕组的匝数，就能平滑地调节输出电压。实验室中常用的调压器就是一种可改变副边绕组匝数的自耦变压器，其外形如图 7.21 所示。

（3）自耦变压器的主要优缺点

① 自耦变压器的主要优点

a. 在同样的额定容量下，自耦变压器的主要尺寸小，有效材料（硅钢片和铜线）和结构材料（钢材）消耗少，从而降低了成本。

b. 有效材料的减少使得铜损和铁损也相应减少，故自耦变压器的效率较高。

c. 由于自耦变压器的尺寸小、自重轻，故便于运输和安装，占地面积也小。

② 自耦变压器的主要缺点

a. 自耦变压器的短路阻抗标幺值较小，因此短路电流较大，故设计时应注意绕组的机械强度，必要时可适当增大短路阻抗以限制短路电流。

b. 由于原、副边绕组间有电的直接联系，运行时，原、副边绕组侧都需装设保护装置，以防高压侧产生过电压时，引起低压绕组绝缘损坏。

c. 为防止高压侧发生单相接地时引起低压侧非接地相对地电压升得较高，造成对地绝缘击穿，自耦变压器中性点必须可靠接地。

知识 3　仪用互感器

仪用互感器是一种供测量、控制及保护电路用的有特殊用途的变压器，按用途分为电压互感器和电流互感器两种，它们的工作原理和变压器相同。仪用互感器有两个主要用途：一是将测量或控制回路与高电压和大电流电路隔离，以保证人员的安全；二是用于扩大交流电表的量程。通常，电压互感器的副边电压为 100V，电流互感器的副边电流为 5A 或 1A。

（1）电压互感器

电压互感器一般是降压变压器，图 7.22 所示是电压互感器的原理图。电压互感器的原边绕组

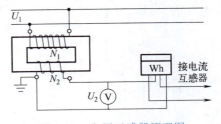

图 7.22 电压互感器原理图

的匝数较多，与被测电路并联，副边绕组的匝数较少，接入的是电压表（或功率表的电压线圈）。由于电压表（或功率表的电压线圈）的阻抗很高，因此电压互感器正常工作时相当于副边绕组开路的变压器。

根据变压器的工作原理可知 $\dfrac{U_1}{U_2} = \dfrac{N_1}{N_2} = K$ 或 $U_1 = KU_2$。适当地选择变比，就能从副边绕组的电压表上间接地读出高压侧的电压。如果配用专用的电压互感器，电压表的刻度可以按高压侧的电压值标出，这样可以直接从电压表读出高压侧的电压值。

为了安全地使用电压互感器，请注意以下几点：

① 电压互感器有一定的额定容量，使用时副边绕组侧不宜接过多的仪表，以免影响电压互感器的测量精度。

② 电压互感器的铁芯及副边绕组必须可靠接地，以防止高压侧绕组的绝缘损坏时，在低压侧出现高电压，危及测量人员的安全。

③ 使用时，电压互感器的副边绕组不允许短路。由于电压互感器的短路阻抗很小，副边一短路，电流将剧增，会烧坏电压互感器。

（2）电流互感器

电流互感器是一种将大电流变换为小电流的变压器，图 7.23 所示是电流互感器的原理图。电流互感器原边绕组匝数少，只有一两匝，导线粗，工作时串接在待测量电流的电路中；电流互感器副边绕组匝数比原边绕组匝数多，导线细，与电流表或其他仪表相连。根据变压器的原理可知

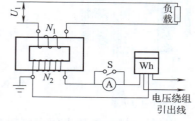

图 7.23　电流互感器原理图

$$\frac{I_1}{I_2} = \frac{N_2}{N_1} = \frac{1}{K} = K_i$$

或

$$I_1 = K_i I_2 \tag{7-18}$$

式中，K_i 是电流互感器的变换系数。

由式（7-18）可知，利用电流互感器可将大电流变换为小电流。

为了安全地使用电流互感器，请注意以下几点：

① 副边绕组不允许开路。因为副边绕组开路时，电流互感器为空载运行，原边绕组中被测线路电流 I_1 全部成为励磁电流，使铁芯中的磁通增大许多倍，这一方面使铁损大大增加，铁芯严重发热，烧坏电流互感器，另一方面使副边绕组中感应电动势增高到危险的程度，可能击穿绝缘体或发生事故。

② 为了使用安全，电流互感器的副边绕组必须可靠接地，因为绝缘击穿后，电力系统的高压将危及副边绕组侧回路中的设备及操作人员的安全。

在实际工作中，经常使用的钳形电流表就是把电流互感器和电流表组装在一起而成的，如图 7.24 所示。电流互感器的铁芯像把钳子，在测量时可用手柄将铁芯张开，把被测电流的导线套进钳形铁芯内，被测电流的导线就是电流互感器的原边绕组，只有一匝，

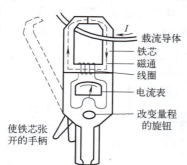

图 7.24　钳形电流表

副边绕组绕在铁芯上并与电流表接通，这样就可从电流表中直接读出被测电流的大小。利用钳形电流表可以很方便地测量线路中的电流，而不用断开被测电路。

技能训练　互感电路

1. 实验目的
学会用直流法和交流法测定线圈的同名端。

2. 实验设备
交流调压器、直流稳压电源、直流电流表、试验变压器（作为互感线圈）。

3. 实验内容及步骤

线圈同名端可根据其绕向用右手定则来判断，也可用直流法或交流法来判断。图 7.25 所示为直流法：合上开关，若电流表正偏，则 a、c 为同名端；若反偏，则 a、d 为同名端。图 7.26 所示为交流法：若满足 $U_{ac}=U_{ab}+U_{cd}$，则 a、c 为异名端；若满足 $U_{ac}=U_{ab}-U_{cd}$，则 a、c 为同名端。

① 按图 7.25 接线，直流电源调出 1.5V，电流表为 10mA，合上开关，观察记录电流表正偏还是反偏。

② 按图 7.26 接线，将实验台上的调压器从 0 调至 50V，用万用表（交流 700V 挡）分别测量 U_{ac}、U_{ab}、U_{cd} 并记录。

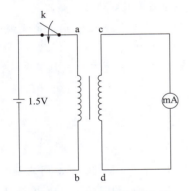

图 7.25　直流法判断同名端

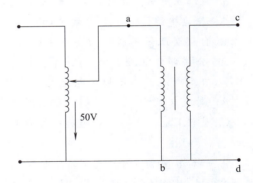

图 7.26　交流法判断同名端

4. 分析与讨论
① 由直流法可得同名端是？
② 由交流法可得同名端是？
③ 两种方法测得的结果是否一致？
注：交流法要用测量数据来判断

理论夯实场

一、填空题

1. 变压器运行时，绕组中电流的热效应引起的损耗称为_____；交变磁场在铁芯中所引起的_____损耗和_____损耗合称为_____。其中_____又称为不变损耗；_____称为可变损耗。

2. 电压互感器实质上是一个_____变压器，在运行时副边绕组不允许_____；

电流互感器是一个_____变压器,在运行时副边绕组不允许_____。从安全使用的角度出发,两种互感器在运行时,其_____绕组都应可靠接地。

3. 变压器是既能变换_____、变换_____,又能变换_____的电气设备。变压器在运行时,只要_____和_____不变,其工作主磁通 Φ 将基本维持不变。

二、判断题

1. 变压器的损耗越大,其效率就越低。 (   )

2. 变压器从空载到满载,铁芯中的工作主磁通和铁损基本不变。 (   )

3. 电流互感器运行时,副边不允许开路,否则会感应出高电压而造成事故。

    (   )

4. 防磁手表的外壳是用铁磁性材料制作的。 (   )

5. 变压器只能变换交流电,不能变换直流电。 (   )

6. 自耦变压器由于原、副边有电的联系,所以不能作为安全变压器使用。 (   )

三、选择题

1. 变压器若带感性负载,从轻载到满载,其输出电压将会 (   )。

A. 升高 B. 降低 C. 不变

2. 变压器从空载到满载,铁芯中的工作主磁通将 (   )。

A. 增大 B. 减小 C. 基本不变

3. 电压互感器实际上是降压变压器,其原、副边绕组匝数及导线截面情况是 (   )。

A. 原边绕组匝数多,导线截面小 B. 副边绕组匝数多,导线截面小

4. 自耦变压器不能作为安全变压器的原因是 (   )。

A. 公共部分电流太小 B. 原、副边有电的联系 C. 原、副边有磁的联系

5. 决定电流互感器原边电流大小的因素是 (   )。

A. 副边电流 B. 副边所接负载

C. 变流比 D. 被测电路

四、计算题

1. 一台容量为 $20kV \cdot A$ 的照明变压器,它的电压为 $6600V/220V$,问它能够正常供应 220V、40W 的白炽灯多少盏?能供给 $\cos\varphi = 0.6$、电压为 220V、功率 40W 的日光灯多少盏?

2. 已知输出变压器的变比 $K = 10$,副边所接负载电阻为 8Ω,原边信号源电压为 10V,内阻 $R_0 = 200\Omega$,求负载获得的功率。

三角函数的部分公式

基本恒等式：$\sin^2 A + \cos^2 A = 1$

和差公式：$\sin(A \pm B) = \sin A \cos B \pm \cos A \sin B$

$\cos(A \pm B) = \cos A \cos B \mp \sin A \sin B$

积化和差：$\sin A \sin B = \dfrac{1}{2}[\cos(A+B) - \cos(A-B)]$

$\cos A \cos B = \dfrac{1}{2}[\cos(A+B) + \cos(A-B)]$

倍角公式：$\sin(2A) = 2\sin A \cos A$

$\cos(2A) = \cos^2 A - \sin^2 A$

互余角关系：$\sin(90° - A) = \cos A$

$\cos(90° - A) = \sin A$

对称性关系：$\sin(-A) = -\sin A$

$\cos(-A) = \cos A$

基本变换公式：$\sin(A \pm 180°) = -\sin A$

$\cos(A \pm 180°) = -\cos A$

$\tan(A \pm 180°) = \tan A$

角度 $\theta/(°)$	0°	30°	45°	60°	90°
$\sin\theta$	0	$\dfrac{1}{2}$	$\dfrac{\sqrt{2}}{2}$	$\dfrac{\sqrt{3}}{2}$	1
$\cos\theta$	1	$\dfrac{\sqrt{3}}{2}$	$\dfrac{\sqrt{2}}{2}$	$\dfrac{1}{2}$	0
$\tan\theta$	0	$\dfrac{1}{\sqrt{3}}$	1	$\sqrt{3}$	无穷大

参 考 文 献

[1] 刘春梅. 电工电子技术基础. 3 版. 北京：化学工业出版社，2022.

[2] 江路明. 电路分析与应用. 2 版. 北京：高等教育出版社，2022.

[3] 邱关源. 电路. 5 版. 北京：高等教育出版社，2006.

[4] 蒋志坚，李慧. 电路分析基础习题精练. 北京：机械工业出版社，2023.

[5] 张志良. 电子技术基础. 2 版. 北京：机械工业出版社，2025.

[6] 俎云霄. 电工分析基础. 4 版. 北京：电子工业出版社，2025.

[7] 童建华. 电路分析基础. 4 版. 大连：大连理工大学出版社，2022.

[8] 孙晖. 电工电子学实践教程. 北京：电子工业出版社，2018.